Fachwissen Technische Akustik

Diese Reihe behandelt die physikalischen und physiologischen Grundlagen der Technischen Akustik, Probleme der Maschinen- und Raumakustik sowie die akustische Messtechnik. Vorgestellt werden die in der Technischen Akustik nutzbaren numerischen Methoden einschließlich der Normen und Richtlinien, die bei der täglichen Arbeit auf diesen Gebieten benötigt werden.

Gerhard Müller · Michael Möser

Herausgeber

Schalldämpfer

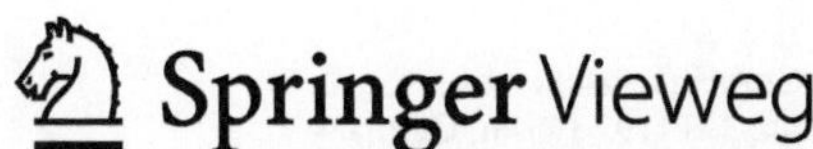

Herausgeber
Gerhard Müller
Lehrstuhl für Baumechanik
Technische Universität München
München, Deutschland

Michael Möser
Institut für Technische Akustik
Technische Universität Berlin
Berlin, Deutschland

Fachwissen Technische Akustik
ISBN 978-3-662-55423-4   ISBN 978-3-662-55424-1 (eBook)
DOI 10.1007/978-3-662-55424-1

Die Deutsche Nationalbibliothek verzeichnet diese Publikation in der Deutschen Nationalbibliografie;
detaillierte bibliografische Daten sind im Internet über http://dnb.d-nb.de abrufbar.

Springer Vieweg
© Springer-Verlag GmbH Deutschland 2017
Dieser Beitrag wurde zuerst veröffentlicht in: G. Müller, M. Möser (Hrsg.), Taschenbuch der
Technischen Akustik, Springer Nachschlagewissen, Springer-Verlag Berlin Heidelberg 2015, DOI
10.1007/978-3-662-43966-1_12-4

Gedruckt auf säurefreiem und chlorfrei gebleichtem Papier

Springer Vieweg ist Teil von Springer Nature
Die eingetragene Gesellschaft ist Springer-Verlag GmbH Deutschland
Die Anschrift der Gesellschaft ist: Heidelberger Platz 3, 14197 Berlin, Germany

Inhaltsverzeichnis

Autorenverzeichnis

Werner Frommhold Ratzeburg, Deutschland

Siegbert Gruhl Müller-BBM GmbH, Langebrück, Deutschland

Hagen Peters BBM Akustik Technologie GmbH, Planegg, Deutschland

Schalldämpfer

Siegbert Gruhl, Werner Frommhold und Hagen Peters

Zusammenfassung

In diesem Kapitel werden Anwendungsbereiche, Bauformen und Wirkprinzipien von Industrieschalldämpfern behandelt. Im Mittelpunkt stehen Absorptionsschalldämpfer, Resonatorschalldämpfer (Typ $\lambda/4$, Helmholtz), Drosselschalldämpfer und Ausblaseschalldämpfer. Berechnungsverfahren zur Dämpfung, zum Strömungsrauschen und zu den Druckverlusten werden angegeben. Dabei werden insbesondere Absorptionsschalldämpfer vom Typ Kulissenschalldämpfer und Rohrschalldämpfer ohne und mit Kern betrachtet. Berechnete Dämpfungsspektren werden Mess- und Erfahrungswerten gegenübergestellt. Abschließend werden genormte Labor- und Feldmessverfahren an Schalldämpfern erläutert, wobei Messungen im Einsatzfall großer Industrieschalldämpfer besondere Beachtung finden.

1 Übersicht

1.1 Anwendungsbereiche

Schalldämpfer (SD) haben die Aufgabe, den sich über Kanäle und Öffnungen ausbreitenden Luftschall zu vermindern, ohne dabei die Fortleitung strömender Medien wesentlich zu behindern [1]. Bei den folgenden Darlegungen wurde die in der 3. Auflage dieses Buches [2] enthaltene Konzeption von U. Kurze und E. Riedel einbezogen.

Großflächige Schalldämpfer werden an den Ansaug- und Ausblasöffnungen von großtechnischen Anlagen, wie z. B. Bewetterungsanlagen des Bergbaus, Kühltürme oder Rauchgaskamine von Kraftwerken, eingesetzt, um die Nachbarschaft vor den Anlagengeräuschen zu schützen. Große Schalldämpfer werden auch für Lüftungs-

In memoriam Dr. Ulrich Kurze, † 2012, Autor des Kapitels 12 der 3. Auflage 2004

S. Gruhl (✉)
Müller-BBM GmbH, Langebrück, Deutschland
E-Mail: siegbert.gruhl@mbbm.com

W. Frommhold
Ratzeburg, Deutschland
E-Mail: wfrommhold@web.de

H. Peters
BBM Akustik Technologie GmbH, Planegg, Deutschland
E-Mail: peters@bbm-akustik.de

© Springer-Verlag GmbH Deutschland 2017
G. Müller, M. Möser (Hrsg.), *Schalldämpfer*, Fachwissen Technische Akustik,
DOI 10.1007/978-3-662-55424-1_12

1

öffnungen von Räumen mit hohen Innengeräuschpegeln benötigt, z. B. für Fertigungshallen der Industrie oder Belüftungsschächte von U-Bahnen.

Kleinere Schalldämpfer werden in Rohrleitungen und an deren freien Enden, an einzelnen Maschinen oder an Kapseln um Maschinen eingesetzt, die zur Kühlung, für Frischluft und Abluft oder für den Werkstofffluss mit schallabstrahlenden Öffnungen versehen sind. Ein breiter Anwendungsbereich von Schalldämpfern betrifft raumlufttechnische (RLT-)Anlagen, bei denen Lüftungsgeräusche und die Geräuschübertragung von Raum zu Raum zu unterdrücken sind.

Schließlich sind Schalldämpfer erforderlich, um die Entspannungsgeräusche von Gasen beziehungsweise Dämpfen (Abb. 1) hinter Ventilen oder an pneumatisch arbeitenden Maschinen zu mindern.

1.2 Bauformen

Große Öffnungen und Kanäle an Gebäuden, Anlagen und Kapseln werden durch Schalldämpferelemente unterteilt. Die Unterteilung in einer Richtung durch parallel angeordnete Kulissen mit Rechteckquerschnitt ergibt relativ schmale Spalte. Die Unterteilung in zwei orthogonalen Richtungen ergibt parallele Kanäle, die schalltechnisch gegenüber Spalten keine Besonderheiten aufweisen. Andere Möglichkeiten der Unterteilung großflächiger Kanalquerschnitte [3] werden seltener genutzt.

Kleinere und schmale Öffnungen an Maschinen, die ins Freie münden oder an Rohrleitungen angeschlossen sind (Abb. 2), sowie Verbindungen zwischen Räumen können mit Schalldämpfern in Form von absorbierend oder reaktiv berandeten Kanälen versehen werden (Abb. 3). Die akustische Wirksamkeit der Kanalauskleidung kann durch passive Bauelemente über Formgebung und Werkstoffe bestimmt oder auch aktiv mit elektromechanischen Wandlern erreicht werden. Zu unterscheiden ist zwischen Auskleidungen, deren Oberfläche für Strömung durchlässig oder undurchlässig ist. An Strömungsumlenkungen sind Schalldämpfer für hohe Frequenzen besonders wirksam (Abb. 4 und 5).

Als weitere Bauarten sind Drosselschalldämpfer zu nennen, die mit erheblichem Strömungswiderstand Ausströmvorgänge beeinflussen. Sie

Abb. 1 Dampferzeugeranlage mit Großbatterie Abblaseschalldämpfer (Foto: BBM Akustik Technologie)

Abb. 2 Rohrleitungs-schalldämpfer mit Mittelkulisse (faserfrei) (Foto: BBM Akustik Technologie)

reichen von großen Bauformen für Gas- oder Dampfventile (Abb. 6) bis zu kleinen anschraubbaren Elementen für Pneumatikanlagen (Abb. 7).

1.3 Anforderungen und Merkmale

Die Auslegung von Schalldämpfern hängt maßgeblich vom Geräuschspektrum der Schallquelle und von den Betriebsbedingungen ab. Tab. 1 enthält Beispiele für Kulissenschalldämpfer.

Grundsätzlich sind Absorptionsschalldämpfer in Kanälen als große, schallabsorbierend ausgekleidete Kammern ausführbar. Der Platzbedarf und die Kosten sind dabei aber hoch. Als Beispiel einer zweckmäßigen Anwendung ist die absorbierende Wandauskleidung für den Lüftungsschacht eines U-Bahn-Tunnels zu nennen, bei der es auf die Dämpfung von Rollgeräuschen mit hochfrequenten tonalen Anteilen ankommt [1]. Geeigneter sind häufig an spezielle Anforderungen angepasste Konstruktionen. Beispiele dafür sind in Tab. 2 angegeben.

Die Robustheit von Schalldämpfern bezieht sich auf das zu fördernde Medium, auf Umwelteinwirkungen und auf die Schwingungsanregung durch die Geräuschquelle. Sie betrifft die tragenden Bauteile und Absorptionswerkstoffe in ihrer Struktur und Lage (siehe Abschn. Mechanische Stabilität).

Anforderungen an faserfreie und gegen Verschmutzung unempfindliche Konstruktionen können durch Resonator- und Reflexionsschalldämpfer erfüllt werden. Ein spezielles Anwendungsgebiet besitzen Rohrleitungs-SD als robuste Schweißkonstruktionen für Kompressoren und Ventile.

Ein wichtiges Merkmal für die Auslegung von Schalldämpfern betrifft Nebenwege der Schallausbreitung. Wie in Abb. 8 schematisch dargestellt, ist extern insbesondere das Gehäuse eines Schalldämpfers als Wellenleiter für Körperschall und Strahler für Luftschall zu berücksichtigen. Im Innern eines Schalldämpfers begrenzen unbedämpfte Kanäle und Spalte, z. B. Dehnfugen zwischen Kulissenrahmen und Gehäuse, sowie Körperschall in der Kulissenstruktur die Wirksamkeit eines Schalldämpfers.

2 Wirkprinzipien

2.1 Pulsationsabbau durch Drosselschalldämpfer

Ist die Geräuscherzeugung, wie bei einem Sicherheitsventil oder einem Hubkolbenmotor, mit einem einmaligen oder periodischen Strömungsvorgang verbunden, so kommt es darauf an, die Pulsationen in der Strömung durch Ausgleichsvorgänge in einer Weise abzubauen, durch die

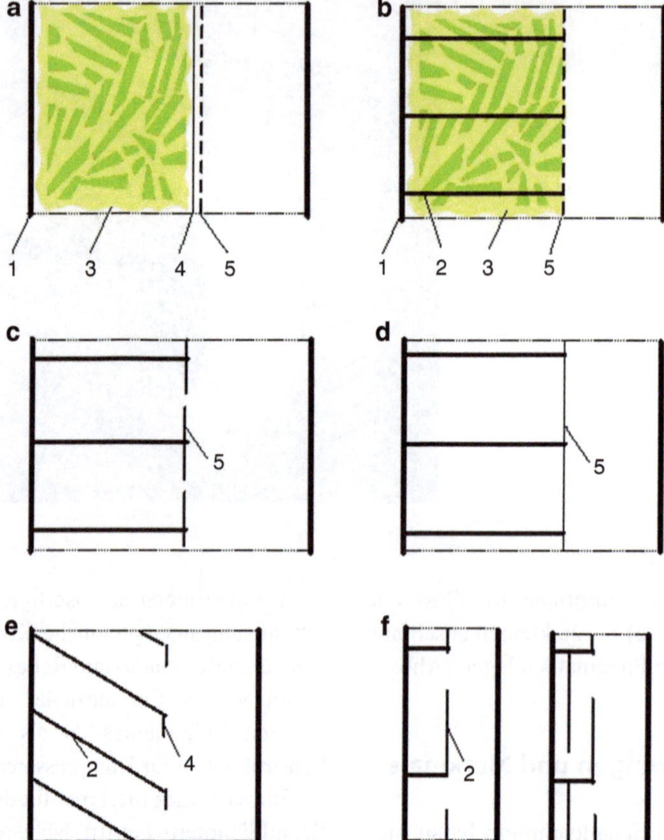

Abb. 3 Wandauskleidungen von Absorptions- und Reflexionsschalldämpfern (schematisch). 1 Schalldämpferwand oder Symmetrieebene. 2 Kassettierung. 3 Absorber aus porösem oder faserigem Werkstoff (z. B. PU-Schaum, Mineral-, Glas- oder Metallwolle). 4 Abdeckung aus Vlies, Folie, Drahtgewebe, Lochblech mit hoher Porosität, je nach betrieblicher Anforderung. 5 Deckschicht a) homogener Absorber b) kassettierte Auskleidung c) Helmholtz-Resonator mit Loch- oder Schlitzabdeckung geringer Porosität d) Helmholtz-Resonator mit Folienabdeckung e) λ/4-Resonator als schräger Abzweig f) λ/4-Resonator als abgewinkelter Abzweig (zwei Ausführungen mit einfacher und doppelter Abwinkelung)

eine Umsetzung in Geräusche möglichst vermieden wird. Dazu dienen Drosselschalldämpfer mit Volumina als Speicher potentieller Energie und mit Strömungswiderständen an relativ großen Öffnungsflächen, an denen eine kleine mittlere Strömungsgeschwindigkeit nur wenig Geräusch erzeugt.

Im Bereich niedriger Frequenzen ist der Speicher durch seine Raumsteife s und die Öffnungsfläche durch den Strömungswiderstand r zu kennzeichnen. Ein Schalldämpfer muss für den Durchgang der Strömung als Tiefpassfilter mit niedriger Grenzfrequenz $s / (2 \pi r)$ ausgelegt werden, der im Bereich geringer Nichtlinearitäten betrieben wird. Zu beachten ist die bereits beim Einströmen in das Volumen oder weiter stromauf erfolgende Geräuscherzeugung.

Beim Öffnen eines Sicherheitsventils wird der Hochdruck in einem nachfolgenden Schalldämpfer stufenweise abgebaut. Die erste Stufe wird in der Regel zur überkritischen Entspannung mit einem Druckverhältnis $p_1/p_2 > 2$ ausgelegt. Schall von stromauf gelegenen Schallquellen wird an einer solchen Stufe vollständig reflektiert. Der

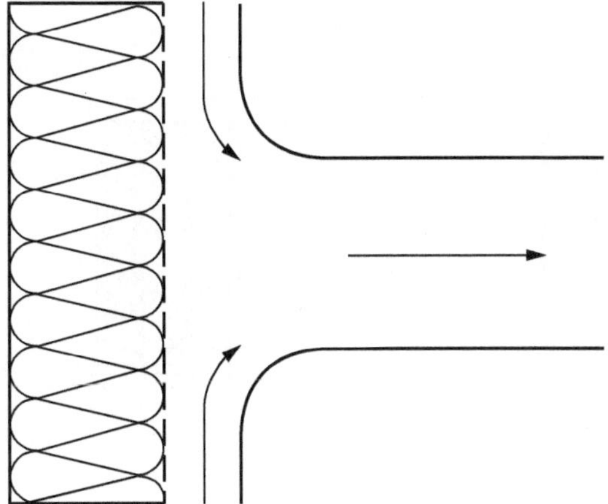

Abb. 4 Ansaugöffnung mit schallabsorbierender Umlenk-einrichtung [1]

Durchströmungsvorgang erzeugt jedoch starke Geräusche. Sie werden an weiteren Druckminderungsstufen, die z. B. in Verbindung mit größeren Flächen unterkritisch und damit leiser durchströmt werden, und – sofern erforderlich – durch nachfolgende Absorptionsschalldämpfer verringert. Im Zusammenhang mit der Druckminderung in Gasen tritt stets eine Absenkung der Temperatur mit der Gefahr der Eisbildung auf, die vermieden werden muss.

Abgasanlagen von Hubkolbenmotoren und andere Quellen von periodischen Pulsationen haben zwar nicht das Problem des hohen Druckabbaus, aber der Gaswechseldruck ist noch hoch genug, dass sich Druckfronten aufbauen können, weil die Schallgeschwindigkeit mit dem Momentanwert des Drucks zunimmt. Energie geht durch diese Nichtlinearität längs des Laufwegs in Rohrleitungen von niederfrequenten Druckschwankungen in höherfrequenten Schall über. In die Rohrleitung eingebaute Strömungswiderstände, etwa in Form von Katalysatoren, bewirken ein Tiefpassfilter.

Anlagen, die nur einen geringen Gegendruck vertragen, können nicht mit einem Drosselschalldämpfer ausgestattet werden, dessen Funktionsweise auf einem Puffervolumen und einem Strömungswiderstand in der Gasleitung beruht. Sie benötigen Absorptions- oder Reflexionsschalldämpfer.

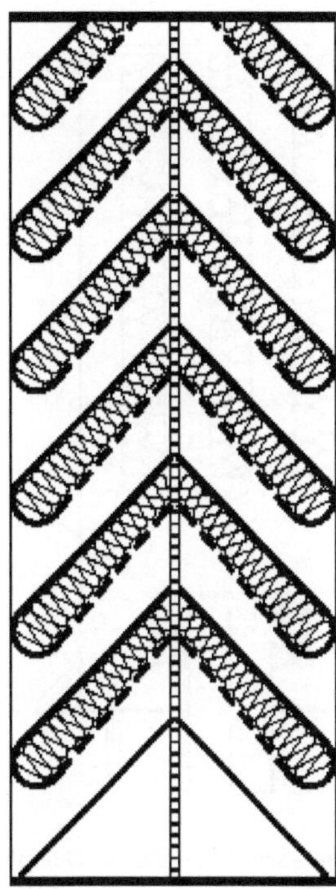

Abb. 5 Jalousie mit abgeknickten, schallabsorbierenden Lamellen [1]

2.2 Absorption in feinporigen oder -faserigen Strukturen

Bei der Durchströmung von feinen Poren bewirkt die Zähigkeit des Gases einen Strömungswiderstand, der dem Porendurchmesser umgekehrt proportional ist. Ähnliches gilt für die Umströmung von feinen Fasern. Der Strömungswiderstand ist in nahezu gleicher Weise bei Gleich- und Wechselströmung wirksam. Er veranlasst die Umwandlung von kinetischer Energie in Wärme. Druckschwankungen, die mit Wechselströmungen verbunden sind, führen deshalb zur Erwärmung des Gases. Wird die Wärme nicht abgeführt, dann kann es, wie im Innern der schallabsorbierenden Auskleidung von Prüfräumen für extrem laute Anlagen beobachtet, zu Verkohlungen kommen.

Beispiel: Mit bloßer Hand spürt man in einem Schallfeld von 150 dB Schalldruckpegel nichts. Mineralwolle in der Hand wird nach kurzer Zeit heiß.

Feinfaserige Mineralwolle wird in erster Linie nach den Marktanforderungen der thermischen

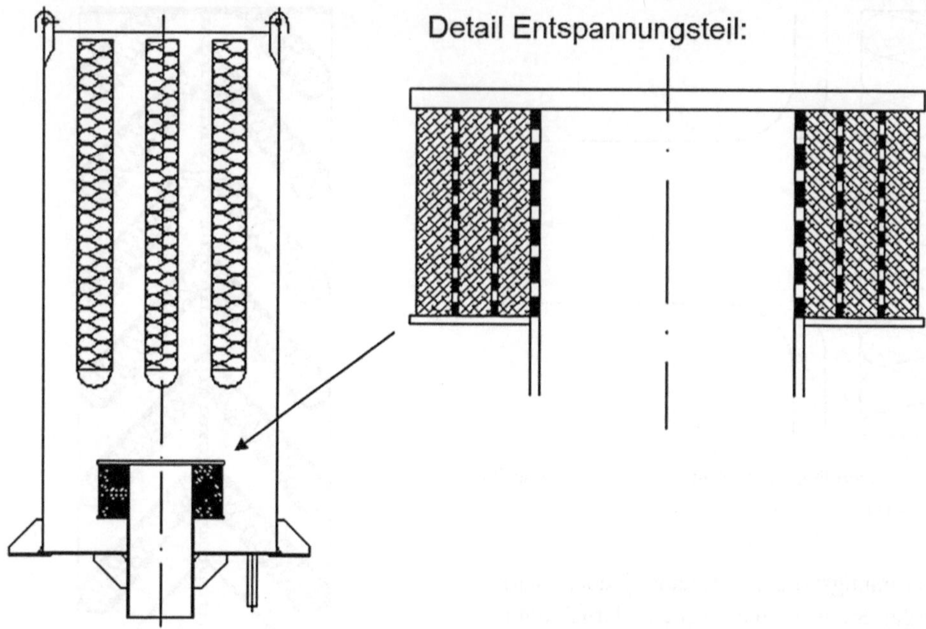

Abb. 6 Ausblase-Schalldämpfer für Dampfleitung mit Absorberteil (Prinzip)

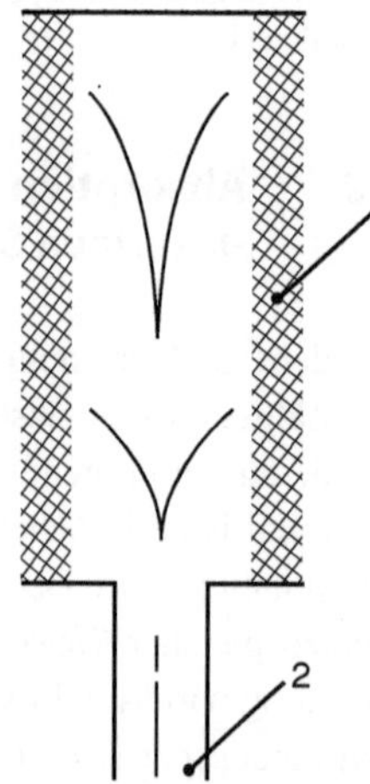

Abb. 7 Drosseldämpfer für Pneumatikanlagen (schematisch) [1]. 1 strömungsdurchlässiger Zylinder (z. B. Sintermetall). 2 Gas unter hohem Druck

schen Festigkeit zu schwach. Verbesserungsmöglichkeiten bestehen mit dem Einsatz von gröberer Basaltwolle. Wegen des Eisenanteils neigt sie jedoch zur Oxidation und ist daher langzeitig mechanisch nicht so stabil wie Glasfaser.

Stabile feinporige Strukturen werden als Sintermetall für Filter hergestellt. Die Schichtdicken sind auf einige Millimeter und die Plattengrößen auf wenige Quadratdezimeter begrenzt. Auch sind die Werkstoffpreise derart, dass sie für Schallabsorber nur in Sonderfällen in Frage kommen.

Sonderkonstruktionen für mechanisch hochstabile Schallabsorber gibt es in der Form von Lochblechen als Trägermaterial mit aufgesinterten feinen Edelstahlfasern und von porösen Al-Platten, die mit einem gut kontrollierten Strömungswiderstand r in der Größenordnung von 1000 Ns/m^3 verfügbar sind. Gewebe aus Naturfasern, Metall oder Kunststoffen sind in der Regel nicht feinfaserig genug, um einen geeigneten Strömungswiderstand zu besitzen, oder strukturell nicht fest genug, um ohne Trägermaterial auszukommen. In Absorptionsschalldämpfern werden außerhalb der Strömung Lochbleche als Träger für eine oder mehrere Lagen von solchen Geweben verwendet. Bei innigem Kontakt von Lochblech mit der Porosität

Isolation hergestellt. Mit einem längenbezogenen Strömungswiderstand Ξ von etwa 10 kNs/m^4 ist sie in einer Schichtdicke von knapp 100 mm an akustische Anforderungen für eine hohe Absorption im Frequenzbereich ≥ 200 Hz angepasst (siehe Kap. „Schallabsorber"). Die optimale Auslegung von Industrieschalldämpfern für tiefe Frequenzen erfordert jedoch größere Schichtdicken. Sie sind mit den feinfaserigen Produkten im Strömungswiderstand zu hoch und in der mechani-

Tab. 1 Beispiele für Kulissenschalldämpfer

Beispiel	Spektrum	Betriebsbedingungen	Konstruktion
Bewetterungsanlage im Bergbau	tonale Ventilatorgeräusche	feuchtwarme Luft begünstigt Bewuchs mit Moos, Kulissen müssen zum Reinigen regelmäßig gezogen werden	sehr robust
Kühlturm	niederfrequente Ventilatorgeräusche, höherfrequente Wassergeräusche	der Witterung ausgesetzt (Wind, Niederschlag, UV-Strahlung); feuchtes Kühlturmmedium	robust
RLT-Anlage	tonale Ventilatorgeräusche, Strömungsgeräusche von Einbauten	abriebfeste Oberflächen, Brandschutz- und Hygieneanforderungen	leicht
Abgasanlage, Rauchgaskanal	niederfrequente Verbrennungsgeräusche, Ventilatorgeräusche, Strömungsgeräusche von Einbauten	hohe Temperatur, aggressive Rauchgase, Verschmutzung, Reinigungs- oder Austauschmöglichkeit	robust
Absorberteil eines SD am Sicherheitsventil	hochfrequentes Strömungsgeräusch	der Witterung ausgesetzt (Wind, Niederschlag, UV-Strahlung); Dampf	sehr robust
Abluft von Produktionsanlagen (Papierfabrik, Reifen, Folien, Fasern)	Ventilatorgeräusche, Strömungsgeräusche, Anlagengeräusche	Verschmutzung	leicht
leiser Windkanal (Fahrzeugprüfstand mit Umluftbetrieb)	Ventilatorgeräusche, Strömungsgeräusche von Umlenkungen	Strömungsumlenkung	robust

Tab. 2 Beispiele für Absorptionsschalldämpfer ohne Kulissen

Beispiel	Spektrum	Betriebsbedingungen	Konstruktion
absorbierende Platte vor Zuluft-Öffnung	breitbandig und tonal durch Ventilator	der Witterung ausgesetzt (Wind, Niederschlag, UV-Strahlung)	robust
absorbierende Rohrauskleidung auf der Saugseite eines Verdichters	breitbandiges und tonales Strömungsgeräusch	Anforderungen durch Verschmutzung	auswechselbarer Absorbereinsatz

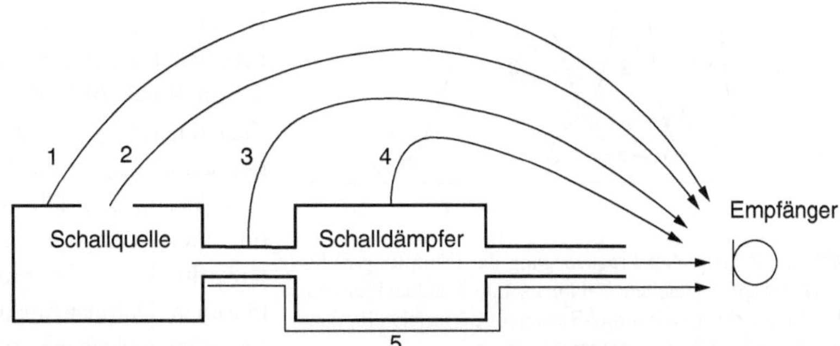

Abb. 8 Nebenwege der Schallausbreitung durch Abstrahlung von
1 Gehäuse der Schallquelle
2 ungedämpfter Öffnung
3 Kanalwänden vor Schalldämpfer
4 Schalldämpfergehäuse und Körperschallleitung
(5) in Gehäuse und Kulissenstruktur [1]

σ und Gewebe mit dem Strömungswiderstand r erreicht der resultierende Strömungswiderstand den Wert r / σ^2. Diese Transformation zu größeren Werten ist bei der Auslegung zu beachten.

Neben der Zähigkeit der Luft liefert die Wärmeleitfähigkeit der Luft und des Absorberwerkstoffs einen kleinen Beitrag zur Dämpfung [4]. Nur adiabate Zustandsänderungen, wie sie in freien Schallfeldern auftreten, und isotherme Zustandsänderungen, die in sehr feinporigen Metallstrukturen stets anzunehmen sind, verlaufen verlustfrei. Im Zwischenbereich gibt es Relaxationsverluste durch zeitliche Versetzung zwischen Kompression und Temperaturänderung der Luft. Praktisch sind aber selbst in dicken Absorberschichten und bei tiefen Frequenzen, bei denen auch in größerem Abstand von einer Wand die Schallschnelle und damit der Reibungsanteil klein ist, die Relaxationsverluste nicht als Bemessungsgrundlage für Absorptionsschalldämpfer heranzuziehen.

Der seitliche Anschluss von Absorbern an strömungsführende Kanäle bewirkt einen Frequenzgang der Dämpfung, durch den ein relativ breites Frequenzband erfasst werden kann (Abb. 9). Gasschwingungen mit tiefen Frequenzen treten ähnlich der mittleren Gasströmung mit geringem Druckverlust bzw. geringer Minderung des Schalldruckpegels durch einen solchen Kanal hindurch. Andererseits können sich im Kanal Schallwellen hoher Frequenz weitgehend unabhängig von der Wandauskleidung fast ungedämpft ausbreiten. Dies geschieht für achsparallele Schallstrahlen oberhalb einer Frequenz, bei der etwa zwei Wellenlängen zwischen gegenüberliegende Kanalwände passen (Durchstrahlungseffekt). Im mittleren Frequenzbereich kann durch geeignete Anpassung der Wandauskleidung an das Schallfeld im Kanal eine hohe Absorptionsdämpfung erreicht werden.

Höchstwerte der Dämpfung durch Absorption sind mit hoher Dämpfung durch Reflexion am Anfang der Absorberstrecke verbunden und nicht über breite Frequenzbänder realisierbar. Derart gestaltete Schalldämpfer werden im Allgemeinen als Reflexionsschalldämpfer bezeichnet.

2.3 Absorption durch Nichtlinearitäten

Der Strömungswiderstand eines Lochblechs oder eines groben Gewebes zeigt einen Anteil, der proportional zum Quadrat der Strömungsgeschwindigkeit anwächst, und einen in Zuordnung zur Messvorschrift in DIN EN 29053 als akustischen Strömungswiderstand bezeichneten Anteil, der zu sehr kleinen Strömungsgeschwindigkeiten (Messung bei 0,5 mm/s) gehört. Letzterer ist der Zähigkeit der Luft in Wechselwirkung mit der Struktur zuzuordnen, ersterer dem hydraulischen Druckverlustbeiwert der Struktur, der sich aus der Umsetzung von kinetischer Energie in Wirbel und schließlich über die Zähigkeit der Luft in Wärme ergibt.

Zwischen statischem und dynamischem Strömungswiderstand besteht eine enge Relation, die als schwache Nichtlinearität zu behandeln ist. Sie kann genutzt werden, um an Wirbeln, die bei der An- oder Durchströmung von gröberen Strukturen in Form von Lochblechen oder Geweben entstehen, Schall zu absorbieren. Solche Strukturen werden am Rand von Strömungskanälen eingesetzt. Im Zusammenhang mit dahinter befindlichen Hohlräumen dienen sie zur Strömungsführung und zur Schallabsorption. Die Strömungsführung bewirkt mit einer Verringerung des Druckverlusts auch die Unterdrückung von breitbandigen Strömungsgeräuschen. Darüber hinaus können an Hohlraumresonatoren entstehende tonale Strömungsgeräusche

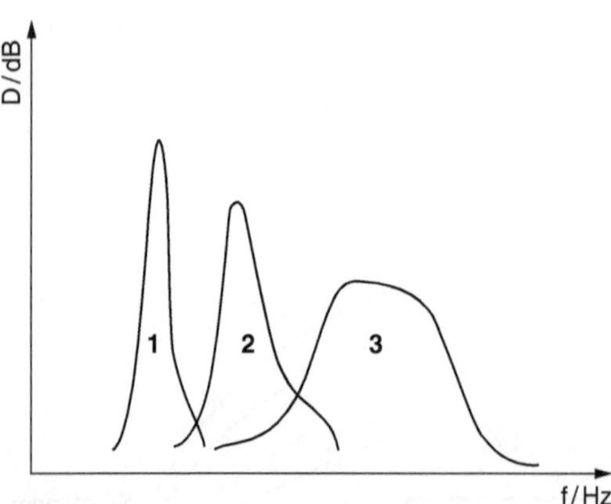

Abb. 9 Prinzipieller Frequenzgang der Dämpfung D für Schalldämpfer gleichen Volumens bei Wandauskleidung des Kanals mit 1 Helmholtz-Resonator 2 Viertelwellenlängen-Resonator 3 homogenem Absorber

durch einen Strömungswiderstand in der Anregungsfläche vermieden werden.

Als starke Nichtlinearität ist der Effekt der Dissipation an einer Stoßwellenfront anzusehen. Voraussetzung dafür ist die Ausbreitung von Schall in einem Rohr mit sehr großen Amplituden, für die die Aufsteilung von Wellen stärker als der Dämpfungseffekt ist. Die Größe der Dissipation in einer Stoßwelle wird allein durch die auf beiden Seiten der Stoßfront anzuwendenden Erhaltungssätze für Masse, Energie und Impuls bestimmt [5], die im Hinblick auf eine Schalldämpferauslegung kaum beeinflusst werden können.

2.4 Reflexion

Um Schall in Kanälen zur Quelle zurück zu reflektieren, muss sich die Wellenimpedanz des Kanals von der quellseitigen Wellenimpedanz möglichst stark unterscheiden. Dies kann unter zwei Bedingungen geschehen. Entweder bewirkt ein erheblicher Querschnittssprung im Kanal eine Änderung der Schallschnelle, oder der Schalldruck im Kanal bricht – passiv durch einen seitlich angeschlossenen Resonator oder aktiv durch eine gegenphasige Schallquelle – in einem Querschnitt weitgehend zusammen.

Grundsätzlich können Querschnittsverengungen schalltechnisch ebenso wirksam sein wie Querschnittserweiterungen. Querschnittsverengungen haben den Vorteil eines geringen Volumenbedarfs, sind aber strömungstechnisch, von der begrenzten Bandbreite der erzielbaren Dämpfung her und hinsichtlich des Eigenrauschens nachteilig. Der Einsatz ist auf statisch hoch belastbare Quellen, hohe Schalldruckpegel oberhalb des Strömungsrauschens von Kanaleinbauten und kleine verfügbare Volumina beschränkt. Typische Anwendungen liegen bei Auspuffanlagen für Kraftfahrzeuge.

Mit Querschnittserweiterungen lassen sich auf Kosten eines großen Volumenbedarfs alle genannten Nachteile vermeiden. Nur wenn sich die Querschnittserweiterung in Schallausbreitungsrichtung über ein Vielfaches einer Halbwellenlänge erstreckt – und dann durch Transformation der Abschlussimpedanz an den Eingang die Erweiterung unwirksam wird – bricht die Reflexionsdämpfung zusammen (Abb. 10). Im Bereich ungeradzahliger Vielfacher einer Viertelwellenlänge ist die Querschnittserweiterung besonders wirksam, weil dort etwa der Kehrwert der Abschlussimpedanz an den Eingang transformiert wird. Querschnittserweiterungen lassen sich mit etwas Absorption verbinden, um Einbrüche der Dämpfung zu verringern.

Vor einem Resonator ist der Schalldruck bei gegebener Schnelle in der Umgebung der Resonanzfrequenz besonders klein. Der Bereich ist räumlich beschränkt, zwar bei streifendem Schalleinfall längs der Kanalachse nicht so stark wie bei senkrechtem Schalleinfall, aber auch dort etwa auf eine halbe Wellenlänge begrenzt. Der Bereich ist auch spektral eingeschränkt. Je größer die wirksame schwingende Masse bei der Resonanzfrequenz, desto geringer ist die Frequenzbandbreite. Die kleinstmögliche Masse gehört zum Viertelwellenlängen-Resonator, der deshalb den größten Volumenbedarf hat. Mit solchen Resonatoren in der Wand eines Kanals, der zwischen symmetrischer Auskleidung nicht breiter als eine Wellenlänge ist, kann etwa über den Bereich von einer halben Oktave eine hohe Reflexionsdämpfung erreicht werden. Andere Resonatoren, die mit Einschnürungen einer Deckschicht durch Lochbleche, mit Abdeckungen von Hohlräumen durch mitschwingende Folien oder mit Kombinationen von beidem gebildet werden, sind prinzipiell nur in schmaleren Frequenzbändern wirksam (Abb. 9).

Die Bedämpfung von Resonatoren durch Füllung der Hohlräume mit Faserstoffen kann eine zusätzliche Absorptionsdämpfung bewirken, jedoch keine Verbesserung der Reflexionsdämpfung hinsichtlich Höhe und Bandbreite. Eine Bedämpfung kann auch an der schwingenden Masse durch Luftreibung an Lochrändern oder Reibung der Folie an einem Absorbermaterial erzielt werden. Solche Maßnahmen können weiterhin geeignet sein, um Flattergeräusche von mitschwingenden Abdeckungen zu vermeiden.

2.5 Regeneration von Schall

Die Wirksamkeit von Schalldämpfern kann durch Regeneration von Schall begrenzt sein. Zur Schallerzeugung kommt es insbesondere an Kanalveren-

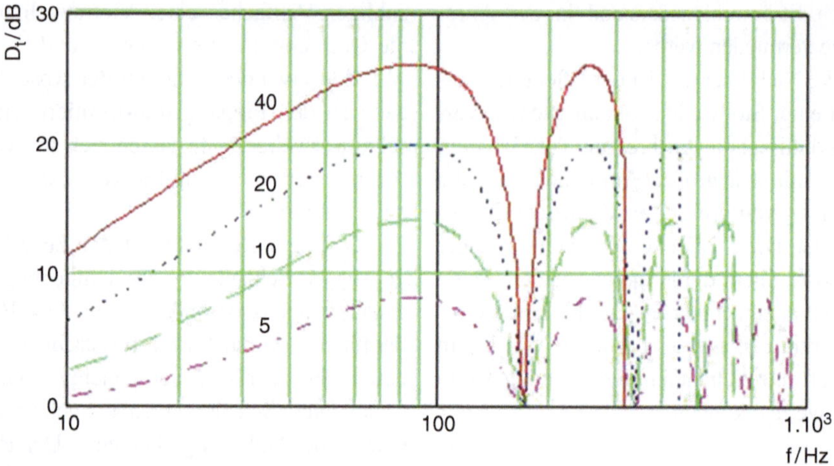

Abb. 10 Durchgangsdämpfungsmaß D_t für einen 1 m langen Expansionsschalldämpfer in einer Leitung von 0,1 m Durchmesser (ohne Strömung, Schallgeschwindig- keit 340 m/s), dargestellt bis zur Grenze der eindimensionalen Leitungstheorie; Parameter 5–10–20–40: Flächenverhältnis S2/S1 der Erweiterung

gungen, an denen Druckverluste der Strömung auftreten (siehe Abschn. 5.2), und an Resonatoren, die von der Strömung angeregt werden können. Bei sehr hohen Schalldrücken kann es aber auch durch die Ausbildung von Stoßwellen zu einem Energieübergang von tieffrequentem Schall auf höhere Harmonische kommen. Kanalverengungen, in denen eine höhere Schallschnelle auftritt als in den angrenzenden weiten Kanälen, sind daran hauptsächlich beteiligt.

In Rohrleitungen mit hohen Schalldrücken kommt es in erster Linie auf die Dämpfung niederfrequenter Komponenten durch Querschnittserweiterungen oder Abzweige von Kanälen an, um dadurch die Ausbildung von Stoßwellen zu vermeiden. Die Abzweige dürfen nicht zu einer periodischen Wirbelablösung führen, die zur Anregung von Resonatoren führt.

bestimmten Grenzwert nicht überschreitet. Zu unterscheiden sind die Funktionen des schnellen Druckabbaus, z. B. durch ein Sicherheitsventil, der schnellen Entsorgung von Abgasen und der verlustarmen Versorgung mit Frisch- oder Kühlluft. Entsprechend gibt es unterschiedliche Anforderungen an Drosselschalldämpfer, Abgasschalldämpfer mit mittleren bis geringen Druckverlusten und Ansaugschalldämpfern mit geringsten Druckverlusten. Unterschiedlich sind auch die schalltechnischen Anforderungen, die sich aus der Begrenzung der abgestrahlten Schallleistung ergeben. Drosselschalldämpfer ersetzen die ursprüngliche Geräuschquelle durch leisere Geräuschquellen. Abgasschalldämpfer werden an eine Geräuschquelle mit mehr oder weniger bekannter Schallleistung angeschlossen, während Schalldämpfer an Frisch- oder Kühlluftöffnungen gelegentlich durch Druckverluste erst eine Zwangsbelüftung (z. B. Schallhaubenbelüftung) erfordern und damit dann Ventilatorgeräusche verursachen, die bei der Auslegung der Schalldämpfer zusätzlich zu berücksichtigen sind.

3 Auslegungskenngrößen und -grundsätze

3.1 Primäre Kenngrößen

Funktionalität

Schalldämpfer sind so auszulegen, dass ohne wesentliche Einschränkung der Funktion einer Anlage die abgestrahlte Schallleistung einen

Drosselschalldämpfer

Auslegungskenngrößen für Drosselschalldämpfer sind

- Druck in der Leitung vor (p_1) und nach (p_2) einem Ventil,

- Massenstrom,
- Medium, Temperatur,
- zulässiger A-Schallleistungspegel.

Für hohe Drücke und häufig auch für große Mengen sind mehrstufige Entspannungen erforderlich, wobei die erste Stufe, überkritisch mit einem Druckverhältnis $p_1 / p_2 > 2$ ausgelegt, die Geräuschentstehung bestimmt (siehe Abschn. Entspannung über Lochbleche). Nachfolgende Stufen gehören zu erweiterten Querschnitten, an denen es durch Wirbelbildung zum allmählichen Druckabbau und zur Schallabsorption an Wirbeln kommt. Bei Bedarf wird ein Absorptionsschalldämpfer nachgeschaltet und der Anteil hochfrequenter Geräusche durch Umlenkungen zusätzlich bedämpft. Der Druckabbau erfordert eine sehr stabile Konstruktion, aber auch die Auslegung des Absorptionsschalldämpfers wird mit maximal zulässiger Machzahl der Strömung nach Festigkeitskriterien vorgenommen.

Abgasschalldämpfer

Auslegungskenngrößen für Abgasschalldämpfer sind

- benötigte Einfügungsdämpfung in Terz- oder Oktavbändern,
- Massenstrom,
- Medium, Temperatur,
- zulässiger Druckverlust.

Der Schallleistungspegel der ungedämpften Anlage in Terz- oder Oktavbändern wird als bekannt angenommen. Der zulässige Schallleistungspegel der gedämpften Anlage, der sich aus der geforderten Einfügungsdämpfung ergibt, beschränkt die (temperaturabhängige) Machzahl der Strömung im Schalldämpfer. Sie bestimmt mit dem Eigenrauschen den erreichbaren Höchstwert der Dämpfung. Legt man den Schalldämpfer so aus, dass das ursprüngliche Geräusch in kritischen Frequenzbändern durch große Länge oder besondere Kanaleinbauten um mehr als die benötigte Einfügungsdämpfung abgesenkt wird, dann verbleibt das Eigenrauschen als maßgebliches Auslegungskriterium. Für kleinere Massenströme und

unkritische Druckverluste werden gelegentlich derartige Auslegungen mit zylindrischen Reflexionsschalldämpfern vorgenommen.

Unter Berücksichtigung der Anforderungen an einen zulässigen oder möglichst kleinen Druckverlust wird in der Regel der umgekehrte Weg beschritten und der Beitrag des Eigengeräuschs in kritischen Frequenzbändern auf einen Pegel etwa 10 dB unter dem zulässigen Abgas-Schallleistungspegel begrenzt. Die Begrenzung des Druckverlusts erfordert größere freie Kanalquerschnitte. Ohne weitere Maßnahmen verringert sich dadurch die Dämpfung. Eine Verlängerung des Schalldämpfers wirkt sich nur auf den Bereich der Frequenzen aus, in dem die Kanalweite kleiner als eine Wellenlänge ist. Bestehen Anforderungen an die Einfügungsdämpfung bei höheren Frequenzen, so ist eine Aufteilung in parallele Teilkanäle mit einer seitlichen Querschnittserweiterung vorzunehmen, die eine Auskleidung aller Teilkanäle mit Absorbern oder Resonatoren ermöglicht.

Mit der Temperatur nimmt die Schallgeschwindigkeit und damit auch die Schallwellenlänge bei gegebener Frequenz zu (außerdem auch der längenbezogene Strömungswiderstand Ξ des Absorptionsmaterials). Mit zunehmender Temperatur nimmt deshalb das Verhältnis von geometrischen Abmessungen zur Schallwellenlänge ab. Dadurch ist Dämpfung bei tiefen Frequenzen schwieriger und bei hohen Frequenzen etwas einfacher zu erreichen. Wichtig ist die Berücksichtigung der Temperatur bei der Abstimmung von Resonatoren und der Auswahl von Absorptionswerkstoffen. Aus gebundener Mineralfaser brennt schon bei etwa 250 °C der Binder heraus, sodass sie mechanisch instabil werden kann. Basaltwolle mit höherem Gehalt an Eisenoxid zerfällt bei Temperaturen über 500 °C zu Staub. Nur spezielle Basaltfaserprodukte sind im Temperaturbereich bis 750 °C stabil einsetzbar. Im Bereich noch höherer Temperaturen beständige Faserstoffe sind als kanzerogen eingestuft und werden deshalb in Absorptionsschalldämpfern in der Regel nicht verwendet.

Bei Abgasschalldämpfern muss auch die Wärmedehnung tragender Bauteile beachtet werden. Größere Spalte, meist zwischen Kulissenrahmen und Schalldämpfergehäuse, in denen sich der Schall parallel zum bedämpften Kanal ungedämpft ausbreiten kann (durch Montagetoleranzen bei Kulissenschalldämpfern häufig auftretend), begrenzen die Schalldämpfung wesentlich und sind deshalb durch geeignete Konstruktionen, z. B. durch Perforation der Kulissenrahmen, zu vermeiden. Abb. 11 zeigt ein Beispiel für einen Abgasschalldämpfer mit Kulissen im zylindrischen Gehäuse. Zur Abschätzung der durch Undichtigkeiten bedingten Grenzdämpfung dient der zehnfache Logarithmus des Flächenverhältnisses von unbedämpftem zu bedämpftem Kanalquerschnitt. Bei einem Flächenanteil von 1 % ist demzufolge die maximale Dämpfung auf 20 dB begrenzt.

Ansaugschalldämpfer

Bei Ansaugschalldämpfern oder anderen leistungskritischen Anwendungen von Schalldämpfern sind die Auslegungskenngrößen:

- benötigte Einfügungsdämpfung in Terz- oder Oktavbändern und
- zulässiger Druckverlust.

Das Eigenrauschen dient in Einzelfällen als Kontrollgröße. Dämpfung und Druckverlust ändern sich gleichsinnig mit dem Querschnitt und der Länge von Schalldämpfern. Dies betrifft aber jeweils nur einen Teil der Wirkung. Der andere Teil wird durch akustische oder strömungstechnische Stoßstellen im Innern und an den Enden des Schalldämpfers bestimmt. Konstruktiv lässt sich der Umstand nutzen, dass in der Regel die Dämpfung vorwiegend durch Querschnitt und Länge beeinflusst wird, während der Druckverlust hauptsächlich an Stoßstellen auftritt.

Kulissenschalldämpfer

Bei reichlich bemessenem Kanalquerschnitt dient der zulässige Druckverlust als Ausgangsgröße für die Bestimmung des so genannten Ausstellungsverhältnisses mit einem Zentralkörper oder mehreren parallelen Kulissen. Dabei werden zunächst nur die Druckverluste an den Enden der Kanaleinbauten berücksichtigt. Sie lassen sich durch Kappen an der Anströmseite und Kegelstümpfe an der Abströmseite verringern. Dann wird die Spaltweite bzw. die Dicke von Kulissen nach akustischen Anforderungen und Kostengesichts-

punkten gewählt. Für den Bereich tiefer bis mittlerer Frequenzen sind dicke Kulissen vorzuziehen. Im Bereich hoher Frequenzen kann mit dünnen Kulissen der Durchstrahlungseffekt verringert werden. Das Versetzen von Kulissen und die Verwendung verschieden dicker Kulissen hintereinander liefert etwa gleich hohe Druckverluste, sodass die Wahl der Maßnahmen zur Vermeidung der Durchstrahlung im Wesentlichen nach Kostengesichtspunkten zu treffen ist. In Optimierungsprogrammen zur Schalldämpferauslegung werden schließlich alle Beiträge von Stoßstellen und Längsleitungen zur Einfügungsdämpfung und zum Druckverlust berücksichtigt und das Eigenrauschen kontrolliert.

Bei knapp bemessenem Kanalquerschnitt einer Größe, bei der die hochfrequente Durchstrahlung einen wichtigen Frequenzbereich betrifft, erfordert die Einfügung eines Schalldämpfers mit Kanaleinbauten eine Erweiterung mit strömungstechnisch gestalteten Übergangsstücken. Um Strömungsablösungen von der Wand und eine ungleichmäßige Beaufschlagung der Kanaleinbauten durch die Strömung zu vermeiden, werden an der Anströmseite Öffnungswinkel von höchstens 15° (bei Erweiterung in einer Dimension) oder 10° (bei Erweiterung in zwei Dimensionen) empfohlen. Die Abströmseite ist weniger kritisch. Bei kleineren Masseströmen ist es möglich, einen Kreisquerschnitt des Kanals auch im Schalldämpfer beizubehalten. Dann ist die Außenwand vorzugsweise als schalldämpfender Mantel zu gestalten, für den ein großes Volumen zur Bedämpfung tiefer Frequenzen verfügbar gemacht werden kann. Als Einbauten kommen Rechteckkulissen (Abb. 11) oder ein runder Zentralkörper in Frage. Bei größeren Masseströmen und bei rechteckigem Kanalquerschnitt werden ausschließlich Rechteckkulissen eingesetzt. Hinsichtlich des Druckverlustes können halbe Randkulissen Vorteile bieten. Aus Kostengründen werden sie in der Regel nicht verwendet.

Um weite Frequenzbereiche mit einheitlichen Kulissen zu beherrschen, werden Kulissen in Längsrichtung unterschiedlich und unsymmetrisch gestaltet. Beispielsweise werden halbe Längen unsymmetrisch mit Blech (siehe Abb. 12) abgedeckt oder mit Kammern unterschiedlicher

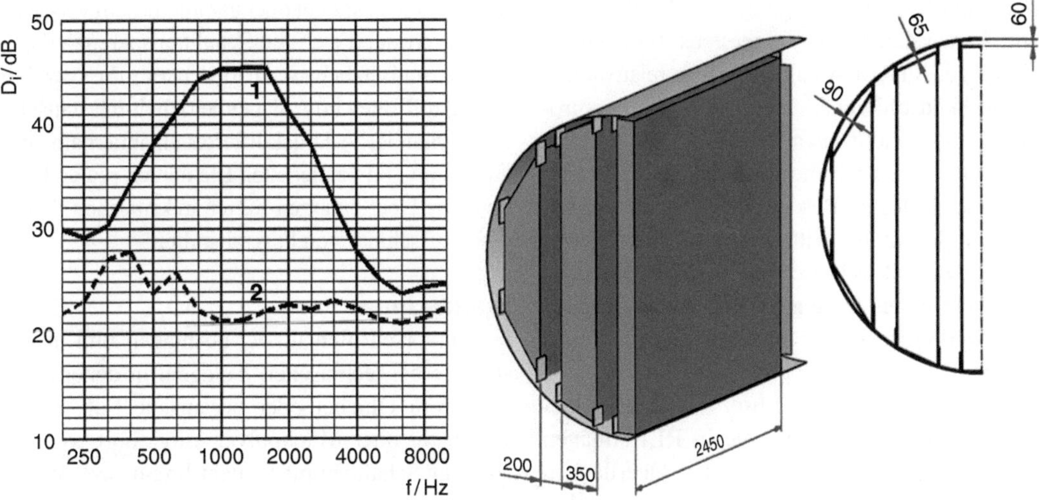

Abb. 11 Einfügungsdämpfung D_i Kulissenschalldämpfer im zylindrischen Gehäuse nach Prüfstandsmessung 1 Kulissenrahmen perforiert 2 Kulissenrahmen unperforiert

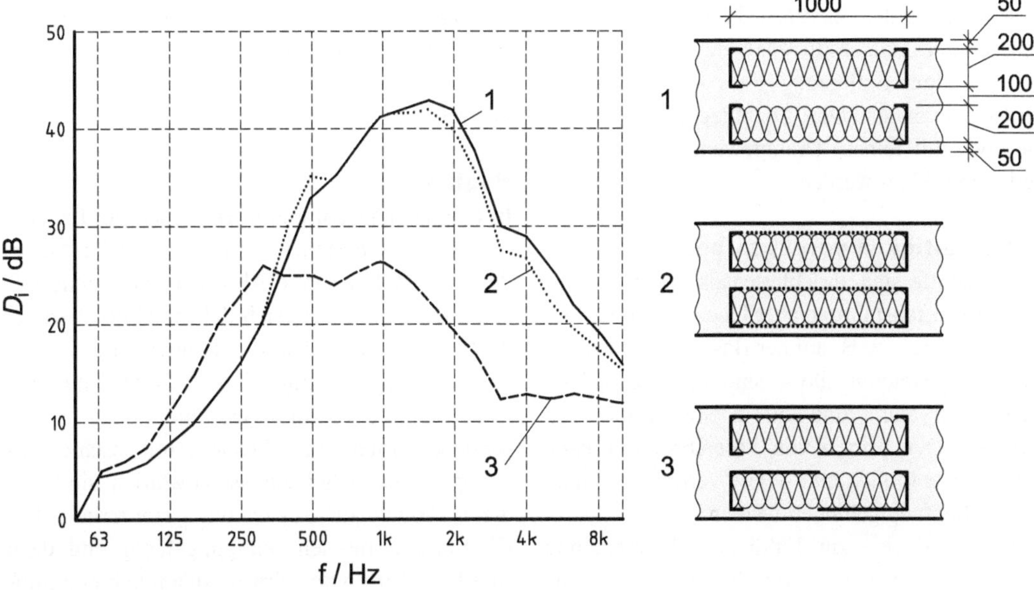

Abb. 12 Einfügungsdämpfung D_i von handelsüblichen Absorberkulissen der Länge $l = 1$ m nach Prüfstandsmessungen. 1 ohne Abdeckung. 2 mit Lochblechabdeckung. 3 mit halber Glattblechabdeckung

Bautiefe ausgeführt. Die Kulissen sollten symmetrisch eingesetzt werden, um den vollen Effekt der einzelnen Abschnitte wirksam werden zu lassen. Unsymmetrische Konfigurationen bieten in besonderen Fällen einen besser ausgeglichenen Frequenzgang der Dämpfung.

3.2 Weitere betriebliche Anforderungen

Mechanische Stabilität

Schalldämpfergehäuse und -unterteilungen sowie Flansche und Halterungen sind unter Berücksichtigung der Betriebsbedingungen in der Regel auf eine Lebensdauer von mindestens fünf Jahren auszulegen. In RLT-Anlagen genügen relativ leichte Blechkonstruktionen. Sind die Bauteile Strömungsgeschwindigkeiten von mehr als 20 m/s ausgesetzt, spielt die mechanische Stabilität eine zunehmende Rolle. Besondere Maßnahmen können zum Schutz vor Witterungseinflüssen, Säuren in Abgasen und elektrischen Potenzialdifferenzen getroffen werden. Dazu gehört die Auswahl spezieller Werkstoffe (z. B. Aluminium) und Deckschichten (z. B. Gummi).

Die Stabilität von Faserabsorbern kann bei geringen Anforderungen, wie sie in RLT-Anlagen auftreten, durch Kaschierung der Oberflächen mit Vlies-Abdeckung erreicht werden. Bei starker Belastung, z. B. hinter Sicherheitsventilen für Dampfleitungen, in denen mit Strömungsgeschwindigkeiten von 30 m/s bis 60 m/s und Temperaturen bis 600 °C zu rechnen ist, oder bei Beschädigung der Oberfläche können große Mengen von Partikeln erodieren. Gelegentlich kommt es zu völliger Entleerung eines Absorptionselements. Davor schützen Lochblechabdeckungen, die noch mit feinem Drahtgewebe oder Glasnadelfilz hinterlegt werden.

Abriebfestigkeit von Absorbern

Schaumstoffe sind abriebfester als Faserabsorber, in Kunststoffausführung aber feuergefährdet. Sonderwerkstoffe – z. B. auf der Basis von Melaminharz oder Sintermetalle – sind darin günstiger, wenn auch teurer und nur in Sonderfällen anwendbar. Der Abrieb von Faserabsorbern kann durch Abdeckfolien und -vliese verringert und an der Ausbreitung gehindert werden.

Folien werden zur luftdichten Versiegelung verwendet. Sie müssen sehr leicht sein, um die Schalltransparenz für höhere Frequenzen nicht zu beeinträchtigen. Ein geringes Gewicht von höchstens 50 g/m^2 ist in der Regel nur mit Kunststofffolien zu erreichen. Deren Festigkeit und Temperaturgrenze ist zu beachten. Gelegentlich kommt es bei Ansaugschalldämpfern auch auf deren UV-Beständigkeit an. Soll eine Folie durch Lochblech vor mechanischen Beschädigungen geschützt werden, so muss darauf geachtet werden, dass sie nicht am Lochblech anliegt oder gar mit diesem verklebt. Sonst verringert sich die Schalltransparenz erheblich. Grundsätzlich ist zu bedenken, dass leichte Kunststofffolien im Anlagenbetrieb durch statische und dynamische Druckdifferenzen innerhalb und außerhalb von versiegelten Elementen reißen können. Die Überlegungen führen in kritischen Fällen zum Ausschluss von Faserabsorbern.

Brandschutz

In Bauvorschriften für RLT-Anlagen und insbesondere bei technischen Anlagen, in denen vom Luftstrom Ölnebel oder organische Substanzen wie Mehl oder Milchpulver mitgeführt werden, sind für Schalldämpfer „nicht brennbare" Werkstoffe vorgeschrieben. Damit sollen die Entstehung und Fortleitung von Bränden vermieden werden. Resonatorschalldämpfer ohne Absorptionsmaterial, aber auch Mineralfaser- und Melaminharzprodukte genügen den Brandschutzanforderungen. Darüber hinaus ist durch geeignete Formgebung und Anordnung von Schalldämpfern die Ansammlung brennbarer Substanzen konstruktiv auszuschließen.

Hygiene

In Krankenhäusern und in Betrieben der Lebensmitteltechnik bestehen hohe hygienische Anforderungen. Offenporige Absorber und offene Resonatoren, in denen sich lebensfähige Partikel (z. B. Bakterien) absetzen können und sich in einer Atmosphäre mit erhöhter Temperatur und Luftfeuchte bevorzugt vermehren, sind auszuschließen. Sofern nicht Absorber mit geschlossenzelligen Oberflächen eingesetzt werden, sind luftdichte Folien zur Abdeckung erforderlich. Die Oberflächen müssen reinigungsfähig und dazu robust und frei von schwer zugänglichen Schlitzen sein. Schalldämpferelemente sollten auswechselbar sein.

Schadstoffemission

Von Faserabsorbern können geringe Schadstoffemissionen ausgehen, die zwar bei üblichen RLT-Anlagen und dem Einsatz von Werkstoffen mit einem hohen Kanzerogenitätsindex oberhalb von 40 (keine Einstufung als krebserzeugend) keine gesundheitliche Bedeutung haben, aber mit Anforderungen an Reinräume der Industrie nicht ohne weiteres verträglich sind. Hier genügt in der Regel die Abdeckung mit Folien.

Ablagerungen und Reinigungsfähigkeit

Im Gasstrom mitgeführte Partikel lagern sich im Schalldämpfer ab und können dessen Wirksamkeit verringern. Gefährdet sind in erster Linie offenporige und raue Oberflächen von Absorptionsschalldämpfern durch klebrige Partikel. Lochbleche und Drahtgewebe können sich durch backende Flugasche, feuchte Zellulosepartikel und ähnliches schnell zusetzen. Ablagerungen auf Folien verringern die Schalltransparenz. In kritischen Anwendungsfällen haben sich Schalldämpferkulissen mit großflächigen Abzweigresonatoren bewährt, deren Mündungen nicht abgedeckt sind. Dadurch können sie größere Mengen von Partikeln aufnehmen, bevor die akustische Wirksamkeit nachlässt. Alternativ kommen besondere Folien in Betracht, an denen solche Partikel schlecht haften und sich deshalb nicht in dickeren Schichten ablagern oder leicht gelöst werden können.

Falls regelmäßig eine Reinigung oder ein Austausch von Schalldämpfern oder Kulissen erforderlich ist, muss dies in der Konstruktion berücksichtigt werden. Zur Reinigung werden Druckluft, Dampfstrahl, Bürsten und Lösungsmittel oder Dekontaminationsflüssigkeiten verwendet. Sie erfolgt entweder im eingebauten Zustand des Schalldämpfers oder an gezogenen Kulissen.

Anfahren und Herunterfahren von Anlagen

In technischen Anlagen kann es beim Anfahren und Herunterfahren zu Änderungen von Druck, Temperatur und Feuchte kommen, die zu Belastungen von Schalldämpfern führen. Luftdichte Folien um Absorber und Metallkonstruktionen müssen sich dehnen können. Niederschläge von Feuchtigkeit, die z. B. bei Taupunktunterschreitungen auftreten, sollen sich nicht ansammeln, sondern gezielt ablaufen können.

3.3 Leitlinien für wirtschaftliche Konstruktionen

In der Konstruktionsmethodik treten neben die Funktionsforderungen die Betriebsforderungen nach einer fertigungs-, instandhaltungs-, korrosions-, montage-, sicherheitsgerechten und energiesparenden Lösung. Die Berücksichtigung und Abwägung dieser Forderungen schlägt sich bei Herstellungs- und Betriebskosten nieder. Wurde in der Vergangenheit besonders auf niedrige Herstellungskosten geachtet, so gewinnt die Erkenntnis zunehmend an Bedeutung, dass Betriebskosten in die Gesamtkalkulation einbezogen werden müssen. Beispielsweise kann eine Verringerung der Druckverluste an Schalldämpfern für ein Kraftwerk selbst bei nur geringer Steigerung des Wirkungsgrads zu Kosteneinsparungen führen, die weit über dem Anschaffungswert der Schalldämpfer liegen [6, Kap. 13.6].

Bei Schalldämpfern ist der verfügbare Platz häufig von primärer Bedeutung. Er entscheidet über Druckverluste oder den Aufwand, um diese klein zu halten. Die bei tiefen Frequenzen benötigte Dämpfung bestimmt dabei weitgehend das erforderliche Volumen. Abhängig von der Art des Schalldämpfers werden dessen Kosten durch seine Größe bestimmt. Mit den Betriebsanforderungen nimmt in der Regel das Gewicht und damit auch der Preis zu.

4 Erfahrungswerte

4.1 Kulissenschalldämpfer

Absorberkulissen

Abb. 12 zeigt Prüfstandsergebnisse zur Einfügungsdämpfung (siehe Abschn. 5.1) von handelsüblichen SD-Kulissen. Die Dicke von 200 mm wird häufig gewählt, um im mittleren Frequenzbereich um 500 Hz eine hohe Dämpfung zu erreichen. Für ein breitbandiges Maximum der Dämpfung bei tieferen Frequenzen werden dickere Kulissen benötigt. Maßgeblich ist das Verhältnis von Kulissendicke zur Schallwellenlänge, deren Temperaturabhängigkeit in Abgasanlagen zu beachten ist.

Die Spaltweite zwischen den Kulissen richtet sich nach den zulässigen Druckverlusten. Je geringer die Spaltweite, desto weiter erstreckt sich das Dämpfungsmaximum nach hohen Frequenzen. Bei einer Spaltweite von 100 mm zwischen den Kulissen beginnt für Luft mit 20 °C oberhalb von 3000 Hz der Bereich der Durchstrahlung, in dem die Kulissenoberfläche wenig Einfluss auf die Ausbreitungsdämpfung der Grundmode nimmt.

Die Dämpfungswerte gelten für eine homogene Füllung der Kulissen mit Mineralwolle, die einen längenbezogenen Strömungswiderstand Ξ von etwa 12 kNs/m^4 besitzt. Faserfreie Absorber aus Melamin-Harz werden häufig nicht homogen aufgebaut und zeigen dann einen etwas anderen Frequenzgang der Dämpfung. Mit Unterschieden ist auch bei PU-Schaumstoffen zu rechnen, weil das Skelettmaterial mitschwingt.

Wie der Vergleich der Messwerte in Abb. 12 zeigt, haben Lochblechabdeckungen des Absorbers, die bei höherer Beanspruchung durch die Strömung benötigt werden, wenig Einfluss auf die Dämpfung. Ähnliches gilt für Abdeckungen mit Vlies, auch in Kombination mit Lochblech und Streckmetall, solange deren Strömungswiderstand r unter 50 Ns/m^3 liegt. Sehr zu beachten sind dagegen Abdeckungen aus Kunststofffolien oder Glattblechen. Letztere werden gezielt zur Verbesserung der Dämpfung – nach Abb. 12 für den Frequenzbereich um 250 Hz – eingesetzt, allerdings auf Kosten der Dämpfung bei höheren Frequenzen.

Rechteckkulissen werden zur Minderung der Druckverluste mit An- und Abströmprofilen versehen. Bewährt haben sich insbesondere halbrunde Anströmkappen. Ähnliche oder trapezförmige Abströmkappen mit Keilwinkeln von mehr als 15° sind weniger wirksam.

Einfache mechanische Stabilität erhalten Absorberkulissen durch ein umlaufendes Blech, das am Rande gefalzt ist. Durch Lochbleche oder Streckmetall wird die Stabilität erheblich verbessert. Üblich sind verzinkte Stahlbleche, in Sonderfällen auch Aluminiumbleche und Edelstahlbleche. Zum erhöhten Schutz vor säurehaltigem Kondensat werden Gummibeschichtungen verwendet. Längere Kulissen werden zur Erhöhung der Stabilität durch Schottbleche unterteilt. Schall-

technisch beschränkt sich deren Einfluss auf den Bereich tiefer Frequenzen, in dem der Abstand der Bleche kleiner als eine halbe Wellenlänge ist. Ist der Abstand kleiner als die Kulissendicke, so verringert sich in diesem Frequenzbereich die Dämpfung.

Der Einbau von Kulissen erfolgt auf Befestigungsschienen mit Randdichtungselementen und Dehnfugen nach Herstellerangaben. Damit sollen die im Prüfstand unter idealen Bedingungen der Nebenwegfreiheit erzielten Einfügungsdämpfungen auch in situ erreicht werden.

Im Anwendungsbereich von Absorberkulissen bei RLT-Anlagen und in Ansaugöffnungen mit geringen zulässigen Druckverlusten ist der Einfluss der Strömung auf die Schalldämpfung vernachlässigbar klein. Beachtlich wird er bei Strömungsgeschwindigkeiten von mehr als 20 m/s in Abgas- und Fortluftleitungen.

Resonatorkulissen

Abb. 13 zeigt Prüfstandsergebnisse zur Einfügungsdämpfung eines „Tannenbaum"-Schalldämpfers, der mit Viertelwellenlängen (λ/4)-Resonatoren auf 630 Hz abgestimmt ist. Allein bei dieser Frequenz zeigt sich ein schmaler Bereich hoher Dämpfung, während sich unterhalb und oberhalb nur eine Stoßstellendämpfung abzeichnet. Die Spaltweite zwischen den Kulissen ist, wie in Abb. 13 an einem Beispiel gezeigt, kleiner als die Kulissendicke. Die Kammerbreite zwischen den Ästen des „Tannenbaums" ist etwa gleich der Kammertiefe. Ein Trennblech in der Mitte ist unverzichtbar. Für die Abstimmung auf tiefe Frequenzen werden die Äste des „Tannenbaums" zu lang. Die müssen dann unter Verzicht auf Breitbandigkeit der Dämpfung durch Helmholtz-Resonatoren ersetzt werden. Abb. 14 zeigt das Beispiel einer Kulisse, zusammengesetzt aus unterschiedlich abgestimmten λ/4- und Helmholtz-Resonatoren. Bei Verzicht auf die Bedämpfung der einzelnen Resonatoren sind immerhin Einfügungsdämpfungen bis zu 25 dB im Maximum erreichbar [7].

Mit offenen Koppelflächen gestaltete Helmholtz-Resonatoren können sich durch den Einfluss von Strömung und Ablagerungen verstimmen. Noch gefährdeter hinsichtlich Ablagerungen sind mit dünnen Folien abgedeckte Resonatoren. Mit

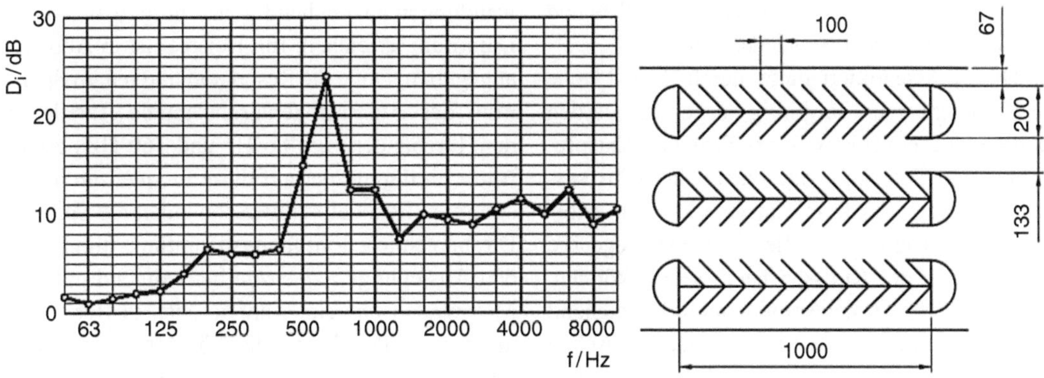

Abb. 13 Einfügungsdämpfung D_i von Resonatorkulissen nach Prüfstandsmessungen [1]

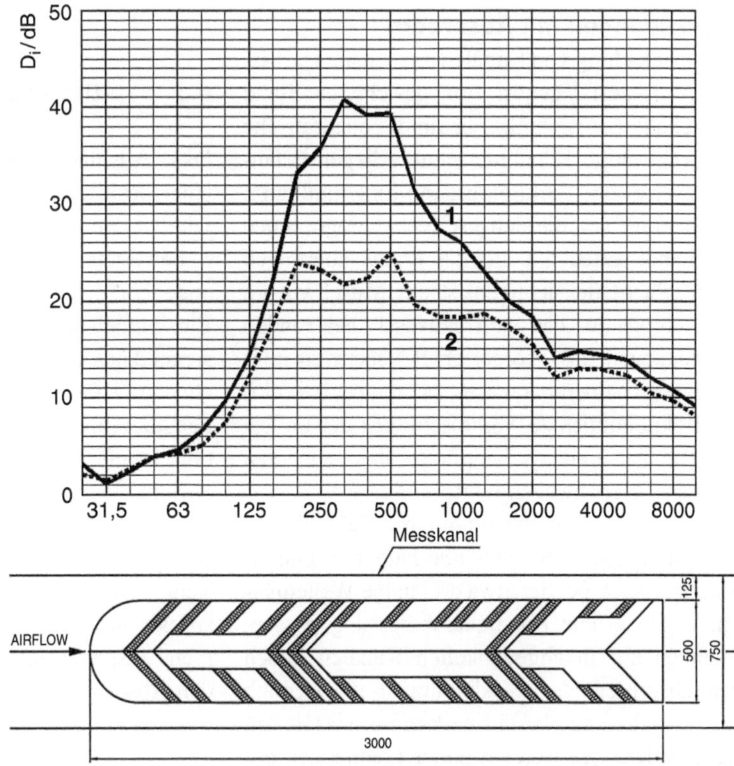

Abb. 14 Einfügungsdämpfung D_i Prüfstandsmessung Resonatorkulissen [7], Typ $\lambda/4$- und Helmholtz-Resonator (GOWA Industrieschallschutz GmbH). 1 bedämpfte Resonatoren.
2 unbedämpfte Resonatoren („wolleloser Schalldämpfer")

besonderen Werkstoffen, wie z. B. Teflon, kann die Ablagerung von Partikeln verringert werden.

In horizontal verlaufenden Kanälen kann die mit geringeren Druckverlusten verbundene Anströmung eines Schalldämpfers nach Abb. 13 von rechts (Abb. 14 von links) gewählt werden. Flugasche lagert sich dann am Boden der Kammern ab, ohne auch in beträchtlichen Mengen die Kammern zu verstopfen und akustisch unwirksam werden zu lassen. In vertikalen Kanälen sind die Kulissen so auszurichten, dass Staubablagerungen auf den Zweigen abrutschen können. Zur Verringerung der Strömungsverluste sind in diesem Fall Leitbleche unentbehrlich. Lochblech- oder Streckmetallabdeckungen der Kulissen setzen sich durch Staub schnell zu und können deshalb nicht verwendet werden.

Die Kulissenunterteilung durch Trennbleche in Kammern muss sorgfältig ausgeführt werden und bewirkt ein relativ hohes Gewicht. Entsprechend sind Tragekonstruktionen sehr stabil auszulegen. Der Einsatz in Rauchgaskanälen erfordert große Dehnfugen, die als Nebenwege die Wirksamkeit der Kulissen herab setzen können. Werden solche Gesichtspunkte nicht hinreichend beachtet, kommt es zu Unterschieden zwischen den Ergebnissen von Labor- und Feldmessungen.

4.2 Kanalauskleidungen

Auskleidungen mit Absorbern

Die Auskleidung von Kanälen mit schallabsorbierendem Material gehört zum gesicherten Stand der Schallschutztechnik. Für runde, quadratische und rechteckige Kanalquerschnitte liegen Erfahrungswerte zur Einfügungsdämpfung und zum Druckverlust vor, die sich aus Rechenprogrammen und Laborwerten gut auf die Praxis übertragen lassen. Zu berücksichtigen ist das Mitschwingen der Rohrwände, das sich akustisch bei runden Rohrleitungen als Körperschall-Nebenweg einschränkend bemerkbar macht, während es bei eckigen Rohrleitungen zu Verbesserungen der tieffrequenten Ausbreitungsdämpfung aber auch zu Luftschall-Nebenwegen führt.

In geraden Kanälen nimmt die Schalldämpfung im Frequenzbereich oberhalb der Durchstrahlfrequenz, bei der etwa drei halbe Wellenlängen in die größte Kanalquerabmessung passen, erheblich ab. In abgewinkelten Kanälen haben sich absorbierende Auskleidungen im Bereich der Abwinkelung als sehr wirksam erwiesen, um insbesondere den Bereich hoher Frequenzen gut zu bedämpfen. Druckverluste sind hier als konstruktiv vorgegeben und nicht als Schalldämpfereigenschaft zu werten.

Auskleidung mit Resonatoren

Im Bereich tiefer Frequenzen, in dem die lichte Kanalweite kleiner als eine halbe Wellenlänge des Schalls ist, lässt sich mit einzelnen unbedämpften Resonatoren in der Wand eine für technische An-

wendungen ausreichend genau prognostizierbare Dämpfung erreichen. Ein Beispiel ist in Abb. 15 angegeben. Ohne die Resonatoren treten im Spektrum des Ausströmgeräuschs tonale Anteile in den Terzbändern um 80 Hz und 160 Hz hervor. Nach Einfügung der auf diese Frequenzen abgestimmten Resonatoren verschwinden die Spitzen. Die berechnete Einfügungsdämpfung stimmt bei den Auslegungsfrequenzen befriedigend mit den Messwerten überein, während sich in Bereichen niedrigerer Pegel und bei höheren Frequenzen erwartungsgemäß größere Abweichungen einstellen. Der Gültigkeitsbereich der verwendeten Leitungstheorie (siehe Abschn. Leitungstheorie) ist für Abb. 15 auf den Frequenzbereich unterhalb von 630 Hz beschränkt.

4.3 Ausblaseschalldämpfer

Das Ausblasen großer Mengen Dampf aus einer Rohrleitung hinter einem Ventil erzeugt, wie an einem Beispiel in Abb. 16 mit einem A-bewerteten Schallleistungspegel von 165 dB angegeben, sehr laute, hochfrequente Geräusche. Ein handelsüblicher Ausblaseschalldämpfer, bestehend aus einem Entspannungsteil mit Lochblechen und Gestricken sowie einem Absorberteil gemäß Abb. 6, reduziert das abgestrahlte Geräusch auf ein etwa rosa Rauschen mit einem A-Schallleistungspegel von 104 dB. Die überkritische Entspannung am ersten Lochblech ersetzt die ursprüngliche Geräuscherzeugung am Ventil. Die hohe Pegelminderung wird durch Gestricke und Lochbleche im unterkritisch wirksamen Entspannungsteil und durch den nachfolgenden Absorptionsschalldämpfer erreicht.

5 Berechnungsverfahren

5.1 Dämpfung

Definitionen von Dämpfungsmaßen

Wird ein Schalldämpfer in eine Leitung eingefügt oder an eine Öffnung angeschlossen, so tritt an einem bestimmten Immissionsort die Einfügungs-Schalldruckpegeldifferenz

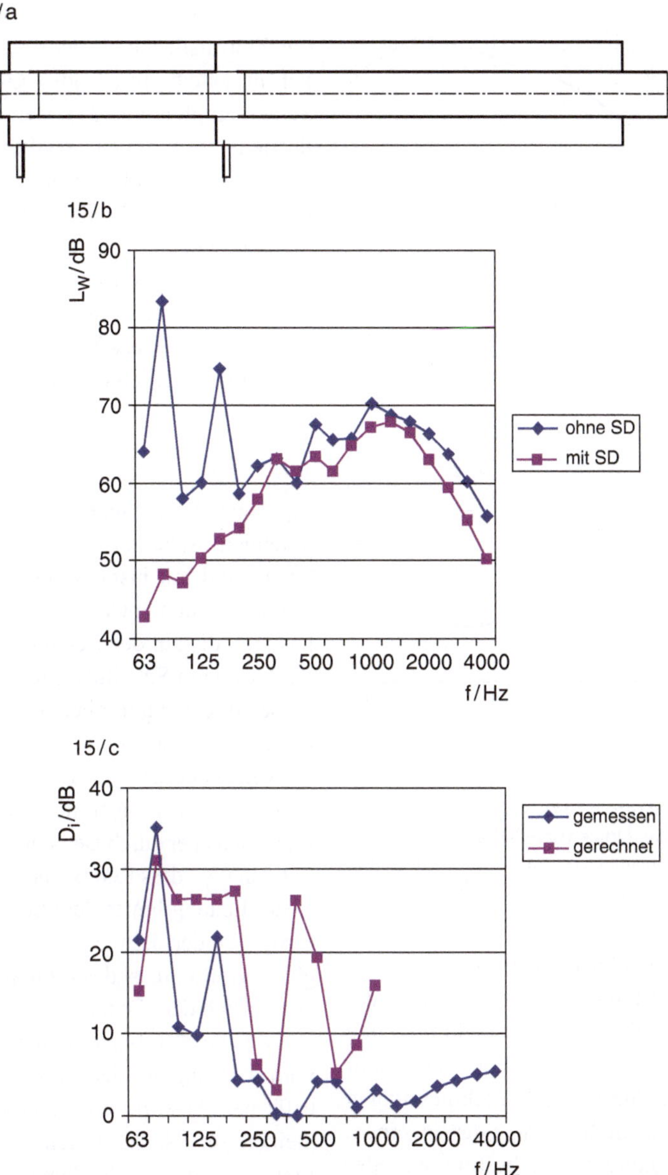

Abb. 15 Rohr (Innendurchmesser 133 mm) mit zwei angeschlossenen Resonatoren. **a** Prinzipskizze. **b** Pegel der durchtretenden Schallleistung L_W ohne und mit Resonatoren (SD). **c** Einfügungsdämpfungsmaß D_i

$$D_{ip} = L_{pII} - L_{pI} \qquad (1)$$

auf. L_{pI} bezeichnet den Schalldruckpegel in einem Terz- oder Oktavband mit installiertem Schalldämpfer und L_{pII} denjenigen ohne Schalldämpfer. Der Index i leitet sich aus dem englischen „insertion" ab, und der Index p steht für Schalldruck. In [8] wird noch ein Index S für die Anschlussfläche des Schalldämpfers angehängt. Ist diese Fläche am Eintritt und Austritt nicht gleich, so kann streng genommen keine Einfügungsdämpfung angegeben werden. Ist kein bestimmter Immissionsort festgelegt, dann wird vorzugsweise das Einfügungsdämpfungsmaß

$$D_i = L_{WII} - L_{WI} \qquad (2)$$

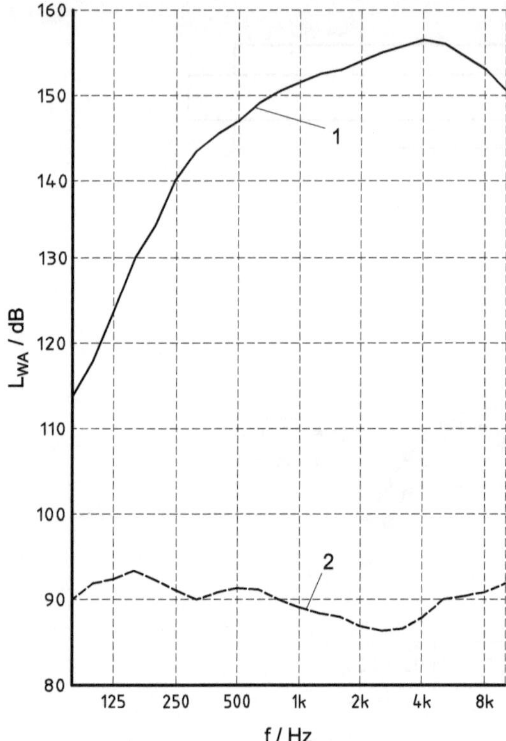

Abb. 16 Oktav-Schallleistungspegel beim Ausblasen von Dampf ins Freie (Massenstrom 50 kg/s, Temperatur 400 °C, Druck vor Ventil 180 bar, Druck vor Schalldämpfer 10 bar); Ausblase-SD mit Entspannungs- und Absorberteil gemäß Abb. 6. 1 ohne Schalldämpfer. 2 mit Schalldämpfer

angegeben. L_{WI} bezeichnet den Pegel der durchtretenden Schallleistung in einem Terz- oder Oktavband mit installiertem Schalldämpfer und L_{WII} denjenigen ohne Schalldämpfer. Die Schallleistungspegel sind durch Schalldruckmessungen auf einer Hüllfläche S_I bzw. S_{II} oder in einem angeschlossenen Hallraum zu bestimmen oder auch durch Intensitätsmessungen. Im Gegensatz zur Einfügungs-Schalldruckpegeldifferenz geht beim Einfügungsdämpfungsmaß die Information über die Richtwirkung der Schallabstrahlung von einer Öffnung verloren.

Sind Ein- und Austrittsflächen eines Schalldämpfers in Größe und Anzahl nicht gleich, so kann der Schalldämpfer durch seine Durchgangs-Schalldruckpegeldifferenz

$$D_{tp} = \overline{L_{p1}} - \overline{L_{p2}} \tag{3}$$

gekennzeichnet werden. $\overline{L_{p1}}$ bezeichnet den über die Eintrittsfläche S_1 gemittelten Schalldruckpegel in einem Terz- oder Oktavband vor dem Schalldämpfer und $\overline{L_{p2}}$ den über die Austrittsfläche S_2 gemittelten Schalldruckpegel. Auf ersteren wirken sich Einflüsse der Zuleitung und der Reflexion am Schalldämpfer aus, die in der Regel nur abgeschätzt werden können. Der Index t leitet sich aus dem englischen „transmission" ab. Zur weiteren Kennzeichnung dient das Durchgangsdämpfungsmaß, das ähnlich wie das Schalldämm-Maß von Bauteilen definiert ist:

$$D_t = L_{W+} - L_{WI}. \tag{4}$$

L_{WI} bezeichnet wiederum den Pegel der durchtretenden Schallleistung in einem Terz- oder Oktavband mit installiertem Schalldämpfer, L_{W+} bezeichnet den entsprechenden Pegel der Schallleistung, die auf den Schalldämpfer auftrifft. Eine Reflexion am Schalldämpfer ändert die einfallende Schallleistung nur bei einer weiteren Reflexion in der Zuleitung.

Allgemein ist das Einfügungsdämpfungsmaß eher durch Messungen und das Durchgangsdämpfungsmaß eher durch Berechnungen zu bestimmen. Für den Fall, dass Reflexionen in der Zuleitung und in der Leitung hinter dem Schalldämpfer vernachlässigt werden können und die Anschlussflächen gleich groß sind, ist das Einfügungsdämpfungsmaß etwa gleich dem Durchgangsdämpfungsmaß.

Ist bei einem Schalldämpfer die Rückwirkung vom Ausgang auf den Eingang gering – und dies trifft bei Absorptionsschalldämpfern im Allgemeinen zu – so lässt sich die Einfügungsdämpfung auf eine Stoßstellendämpfung am Eintritt und Austritt und auf eine längenproportionale Ausbreitungsdämpfung aufteilen:

$$D_i = D_s + D_a l = D_s + \frac{l}{h} D_h \tag{5}$$

D_s wird als Stoßstellendämpfungsmaß (siehe auch Reflexionsdämpfung D_r in Abschn. Genauere Berechnung der Ausbreitungsdämpfung und Abschätzung der Einfügungsdämpfung von Absorptionsschalldämpfern), D_a als Ausbreitungsdämpfungsmaß je 1 m Schalldämpferlänge l bezeichnet; D_h ist die Kanaldämpfung je halbe Kanalspaltweite h (siehe Abb. 17). D_s hängt von der Schallfeldverteilung in der Zuleitung ab, die durch eine Anzahl ausbreitungsfähiger Moden bestimmt wird, und von der Fehlanpassung der niedrigsten Moden in der Zuleitung und im Schalldämpfer.

Einfache Abschätzungen

Nimmt man an, dass die in einem Schalldämpfer fließende Schallleistung sich in jedem Längenelement dz auf dessen äquivalente absorbierende Wandfläche $\alpha\,U\,dz$ und die Austrittsfläche S aufteilt, so ist die Abnahme der Schallleistung je Längenelement der fließenden Schallleistung über das Verhältnis $\alpha\,U\,/\,S$ proportional. Das führt auf eine exponentielle Abnahme der Schallleistung mit einem Ausbreitungsdämpfungsmaß nach der empirischen Pieningschen Formel [9]:

$$D_a \sim \frac{U}{S}\alpha. \qquad (6)$$

Dabei bezeichnet U den schallabsorbierenden Wandumfang und α den Schallabsorptionsgrad. Die Beziehung kann nur als einfache Näherung angesehen werden, ist aber von richtungsweisender Bedeutung für Absorptionsschalldämpfer. Diese sollen auf einer möglichst großen Umfangslänge mit möglichst hoch absorbierendem Werkstoff ausgerüstet sein, wobei die zugehörige freie Querschnittsfläche S so klein wie möglich zu halten ist. Für Kanäle mit Kreisquerschnitt und allseitiger Absorption ist das Verhältnis $U/S = 2/r$ (r Radius). Für Kanäle mit Rechteckquerschnitt B x H (nach [3] $H = 2\,h$), deren Langseiten B absorbierend verkleidet sind, erreicht das Verhältnis im Grenzfall

$H << B$ den Maximalwert $U/S = 2/H$.

Die Berücksichtigung eines komplexen Ausbreitungskoeffizienten Γ, der den Verlauf des Schalldrucks p einer Grundmode längs der axialen Richtung z eines Schalldämpfers gemäß $p\,(z) \sim \mathrm{e}^{-\Gamma z}$ beschreibt und im Realteil Re (Γ) mit dem Ausbreitungsdämpfungsmaß über $D_a = $ Re $(\Gamma) \cdot 8{,}7$ dB verknüpft ist, liefert aus einer vereinfachenden Schallflussbetrachtung die Beziehung [10]:

$$\Gamma = jk\sqrt{1 + \frac{1}{jk}\frac{U}{S}\frac{\rho\,c}{Z}}. \qquad (7)$$

Dabei bezeichnet jk den Ausbreitungskoeffizienten für eine ebene, ungedämpfte Welle mit der Wellenzahl k, Z die komplexe Impedanz einer lokal wirksamen Wand längs des Umfangs U und ρc die Kennimpedanz ebener Wellen. Die Näherung gilt hauptsächlich für große Beträge von Z. Die Reihenentwicklung der Wurzel zeigt, dass es für eine hohe Ausbreitungsdämpfung auf einen relativ großen Realteil der Wandadmittanz $1/Z$ ankommt, der durch Resonatoren realisierbar ist.

Aber es gibt noch eine zweite Möglichkeit, um einen Realteil von Γ zu erzeugen. Wenn die Wandadmittanz reinen Massencharakter besitzt, liefert das Quadrat der imaginären Einheit unter der Wurzel eine negative Zahl. Solange der zweite Summand unter der Wurzel dem Betrage nach größer als 1 ist – und dies ist auf den Bereich tiefer Frequenzen und großer Wandadmittanzen beschränkt – liefert die Wurzel aus einer negativen Zahl eine komplexe Zahl. Weil die mitschwingende Masse der Wand hier die Raumsteife der Luft im Kanal überkompensiert, fehlt der

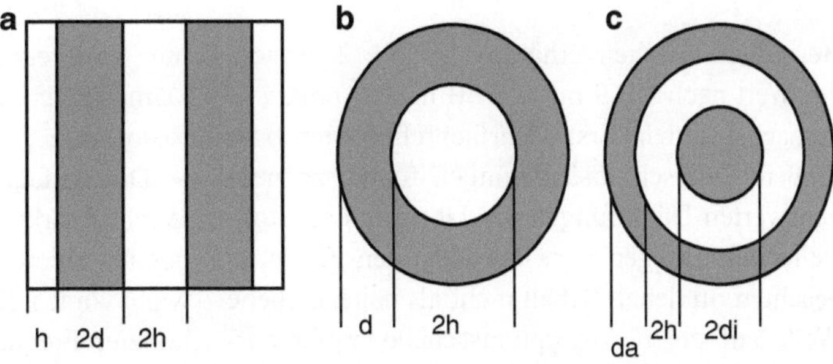

Abb. 17 Kanal-Querschnittsformen. **a** Kulissenschalldämpfer. **b** Rohrschalldämpfer ohne Kern. **c** Rohrschalldämpfer mit Kern

zur Wellenausbreitung erforderliche Speicher potentieller Energie. Damit ergibt sich ein positiver Realteil von Γ. In einem im Vergleich zur Wellenlänge engen Kanal bewirkt deshalb eine biegeschlaffe Wand eine Ausbreitungsdämpfung (auch ohne Schallabstrahlung von dieser Wand). Dies wirkt sich bei tiefen Frequenzen in Blechkanälen aus. Der Effekt kann aber auch in schmalen Frequenzbereichen oberhalb der Resonanzfrequenz von Viertelwellenlängen-Resonatoren, die ohne Schallabsorptionswerkstoff in die Kanalwand eingesetzt sind, ausgenutzt werden. Im Rahmen der Näherungsrechnung wird das Maximum der Dämpfung bei der Resonanzfrequenz allerdings überschätzt.

Weit unterhalb der Resonanzfrequenz und allgemein im Bereich tiefer Frequenzen bestimmt der Federungscharakter der Wand mit einer Admittanz $\rho\,c\,/\,Z \approx j\,k\,d$, wobei d die Auskleidungsdicke einer lokal wirksamen Wand ist, einen Radikanden in Gl. 7, der nur vom Verhältnis des Gesamtquerschnitts von Kanal und Wandauskleidung zum freien Kanalquerschnitt abhängt. Mit der Wurzel aus diesem Verhältnis wird der ausgekleidete Kanal langsamer vom Schall durchlaufen als ein schallhart berandeter Kanal. Daraus ergibt sich ein Stoßstellendämpfungsmaß

$$D_\mathrm{s} = 20\lg\left(\frac{1}{2}\left|\sqrt{-j\Gamma/k} + \sqrt{jk/\Gamma}\right|\right) \mathrm{dB}, \quad (8)$$

das etwa halb so groß ist wie bei einer Querschnittsänderung von der Fläche S_1 auf die Fläche S_2, wie sie z. B. an den Enden eines Kulissenschalldämpfers auftritt [11]:

$$D_\mathrm{s} = 20\lg\left(\frac{1}{2}\left[\sqrt{\frac{S_1}{S_2}} + \sqrt{\frac{S_2}{S_1}}\right]\right) \mathrm{dB}. \quad (9)$$

Bei einem Flächenverhältnis $S_2/S_1 = 2$ erreicht der Wert nach Gl. 9 nur 0,5 dB und ist praktisch vernachlässigbar. Erst Mehrfachreflexionen oder größere Querschnittsänderungen führen zu nennenswerten Dämpfungen. Im Übrigen sind Stoßstellendämpfungen vorwiegend in den Fällen zu beachten, in denen Schall nicht als nahezu ebene Welle auf einen Absorptionsschalldämpfer auftrifft. Dazu gehören im Verhältnis zur Schallwellenlänge weite Kanäle mit Umlenkungen.

Zur Frage nach geeignetem Absorptionswerkstoff ist der Auswertung von Gl. 7 zu entnehmen, dass die Ausbreitungsdämpfung bei tiefen Frequenzen weit unterhalb der ersten Resonanz mit dem Strömungswiderstand leicht zunimmt, während sie in der Umgebung der Resonanz dem Strömungswiderstand umgekehrt proportional ist. Dazwischen liegt ein Frequenzbereich, in dem der Strömungswiderstand des Absorbers wenig Einfluss nimmt. In diesem Frequenzbereich liegt häufig der Grundton eines Ventilatordrehklangs, auf den der Schalldämpfer ausgelegt wird. Hier gilt näherungsweise für Kulissen der Dicke $2d$, die Spalten der Weite $H = 2h$ (Abb. 17) bilden:

$$D_\mathrm{a} = \frac{l}{h}D_\mathrm{h} \approx 2,2\,k\,\frac{2d}{H}\,\mathrm{dB}. \quad (10)$$

Die Wirksamkeit von Kulissenschalldämpfern wird danach maßgeblich durch die (temperaturabhängige) Wellenzahl k, d. h. durch die Anzahl von Wellenlängen über die Länge des Schalldämpfers, und durch das Verhältnis von Kulissendicke zu Spaltweite bestimmt. Die Werkstoffwahl der Absorber erfolgt weitgehend nach Festigkeits-, Temperatur-, Hygiene-, Kosten- und anderen Anforderungen (vgl. Abschn. 3.2). Im Bereich von RLT-Anlagen genügen geringe Raumgewichte von Faserabsorbern mit etwa 30 kg/m^3, die zu relativ niedrigen Strömungswiderständen führen, während für Abgasanlagen von Gasturbinen schwerere Faserabsorber mit mehr als 80 kg/m^3 eingesetzt werden. Für solche schweren Faserabsorber wird bei der Viertelwellenlängenresonanz $kd \approx \pi/2$ nicht mehr gemäß Gl. 10 ein Höchstwert von 7 dB je Kanalweite H erreicht, sondern nur noch etwa 4 dB. Entsprechend reduzierte Dämpfungen gelten für die Umgebung dieser Resonanz.

Die einfachen Näherungen setzen eine enge Wechselwirkung des Schallfelds im Kanal mit der absorbierenden oder mitschwingenden Kanalwand voraus. Diese Voraussetzung gilt im Bereich höherer Frequenzen, in dem drei halbe Wellenlängen oder mehr zwischen gegenüberliegende Kanalwände passen, nicht mehr. Schall kann sich dann als Strahl längs der Kanalachse fast ungedämpft ausbreiten. Näherungsweise nimmt die Dämpfung der Grundmode oberhalb von $kH \approx 9$ mit $D_a \sim 1/f^2$ ab. Mit steigender Frequenz treten jedoch auch zunehmend höhere Moden auf, die ein höheres Ausbreitungsdämpfungsmaß besitzen und die Durchstrahlung teilweise kompensieren. Als Erfahrungswert für Kulissen mit dichten Absorbern dient

$$2D_h = D_a H \approx \left(4 - 4{,}4\lg\left(\frac{kH}{9}\right)\right) \mathrm{dB} \quad (11)$$

mit einem strahlengeometrisch bedingten Mindestwert der Dämpfung von $D_a l \approx 10 \lg (\pi \, l/H)$ dB. Um die Schalldämpferfunktion bei höheren Frequenzen darüber hinaus zu verbessern, muss der freie Strahl vermieden oder unterbrochen werden. Ersteres wird mit der Unterteilung durch engere Spaltweiten erreicht, letzteres durch Abwinkelungen des Kanals oder Versetzen von Kulissen. Der einfachen schalltechnischen Berechnung sind nur die engen Spalte zwischen geraden Kulissen zugänglich. Ihnen gilt aber auch das hauptsächliche Interesse, weil Abwinkelungen oder Versetzungen im Allgemeinen durch höhere Druckverluste strömungstechnisch nachteilig sind.

Der Einfluss der Strömung auf die Ausbreitungsdämpfung ist in guter Näherung durch die Verweilzeit eines Schallteilchens im Schalldämpfer abzuschätzen. Mit der Strömung nimmt die Verweilzeit um den Faktor $(1 - M)$ ab, wobei M die Machzahl ist, und gegen die Strömung mit negativem Vorzeichen der Machzahl entsprechend zu. Der Einfluss auf den Frequenzgang der Ausbreitungsdämpfung kann mit einer Verschiebung der Frequenzskala um die Faktoren $(1 \pm M)$ berücksichtigt werden. Bei hohen Frequenzen nimmt dann die Dämpfung mit der Strömung zu und bei tiefen ab. Darüber hinaus gehende Korrekturen für die Brechung des Schalls im Strömungsprofil [12], die dem Effekt der Verweildauer entgegen wirken, und für die Erhöhung des Strömungswiderstands der Absorberdeckschicht bleiben unberücksichtigt. Insgesamt

sind Machzahlen $|M| < 0{,}05$ akustisch vernachlässigbar und Machzahlen $|M| > 0{,}15$ aus Gründen der Stabilität oder des Eigenrauschens für Absorptionsschalldämpfer unzulässig (vgl. auch Abschn. Genauere Berechnung der Ausbreitungsdämpfung und Abschätzung der Einfügungsdämpfung von Absorptionsschalldämpfern).

Leitungstheorie

Gute Näherungen ergeben sich für den Bereich enger Kanäle (Querabmessung $< \lambda/2$) mit einer eindimensionalen Leitungstheorie. Sie berücksichtigt mit hin- und rücklaufenden Leitungswellen die Rückwirkung eines Kanalendes auf den Kanalanfang. Bei Absorptionsschalldämpfern mit hinreichender Länge kann wegen der Ausbreitungsdämpfung von einer Rückwirkung abgesehen werden, nicht aber bei Kanälen mit schallharten Berandungen.

Die ursprünglich im Bereich der Elektrotechnik insbesondere im Zusammenhang mit der Matrizenrechnung [13] entwickelte Leitungstheorie wird seit längerer Zeit auf Schalldämpfer angewendet [14] und hat heute ihren festen Platz in der Fachliteratur [15, 16]. Darin finden sich zahlreiche Arbeiten zu speziellen Komponenten von Kraftfahrzeugschalldämpfern, wie z. B. gelochte Rohre, die die nicht kompakte oder lokal wirksame Kopplung von Schallfeldern behandeln. Darauf wird hier jedoch nicht eingegangen.

Die Anwendung der Leitungstheorie auf die Schallausbreitung in Rohrleitungen oder Kanälen beruht auf den Voraussetzungen, dass

- die Summe der von einem Knoten ausgehenden Schallflüsse q Null ist und
- die Verteilung des Schalldrucks p über der Querschnittsfläche und auch an Querschnittssprüngen der Rohrleitung hinreichend durch einen Wert beschrieben werden kann, der nur von der Längskoordinate z abhängt und dabei stetig ist.

Als Knoten ist ein Stützpunkt der Berechnung in einem Kanal mit kassettierter oder aus anderen Gründen lokal wirksamer Wand, ein Querschnittssprung oder die Verzweigung einer Rohrleitung anzusehen.

Im Rahmen der Leitungstheorie wird ein zylindrisches Rohr oder ein Kanalabschnitt mit schallharter Wand geometrisch nur durch seine Querschnittsfläche S und seine Länge l beschrieben. Das Rohr kann gerade oder gebogen sein. Sogar Abwinkelungen sind im Rahmen der Leitungstheorie erlaubt, solange sich der Querschnitt dadurch nicht wesentlich ändert.

Im Rohr hin- und rücklaufende Wellen mit der Wellenzahl $k = \omega/c$ werden durch die Übertragungsmatrix T beschrieben:

$$T = \begin{pmatrix} \cos kl & j\dfrac{\rho c}{S}\sin kl \\ j\dfrac{S}{\rho c}\sin kl & \cos kl \end{pmatrix}. \tag{12}$$

Sie verknüpft Schalldrücke p und -flüsse q auf der Eingangsseite 1 und der Ausgangsseite 2:

$$\begin{pmatrix} p_1 \\ q_1 \end{pmatrix} = T \begin{pmatrix} p_2 \\ q_2 \end{pmatrix}. \tag{13}$$

Die von der Schallquelle fortlaufenden Schallflüsse werden positiv gezählt. Für die Determinante der T-Matrix gilt $|T| = 1$. Bei überlagerter Strömung mit der Machzahl M ist die Wellenzahl k durch

$$k_\mathrm{c} = \frac{k}{1 - M^2} \tag{14}$$

zu ersetzen und die Elemente der T-Matrix lauten:

$$\begin{pmatrix} T_{11} & T_{12} \\ T_{21} & T_{22} \end{pmatrix} = e^{-jMk_\mathrm{c}l} \begin{pmatrix} \cos k_\mathrm{c}l & j\dfrac{\rho c}{S}\sin k_\mathrm{c}l \\ j\dfrac{S}{\rho c}\sin k_\mathrm{c}l & \cos k_\mathrm{c}l \end{pmatrix}. \tag{15}$$

In Reihe liegende Rohrleitungselemente werden durch das Produkt ihrer T-Matrizen beschrieben. Ist die Rohrleitung reflexionsfrei abgeschlossen, so errechnet sich das Durchgangsdämpfungsmaß einer Reihe von Elementen mit der Eintrittsfläche S_1 und der Austrittsfläche S_2 aus (siehe z. B. Abb. 10):

$$D_\mathrm{t} = \left[20\lg\left| T_{11} + \frac{T_{12}S_2}{\rho c} + \frac{T_{21}\rho c}{S_1} + T_{22}\frac{S_2}{S_1} \right| \right.$$

$$\left. -6 + 10\lg\frac{S_1}{S_2} \right] \text{ dB.} \tag{16}$$

Ist die Rohrleitung schalldämpfend berandet, so ist die Wellenzahl k durch Γ / j zu ersetzen, wobei der komplexe Ausbreitungskoeffizient Γ für eine lokal wirksame Berandung näherungsweise mit Gl. 7 zu berechnen ist.

Ein einzelner Abzweig einer Rohrleitung, der in der z-Richtung schmal gegen eine Halbwellenlänge und am Ende schallhart abgeschlossen ist, kann als in Reihe liegendes Rohrleitungselement mit der Übertragungsmatrix

$$T = \begin{pmatrix} 1 & 0 \\ \dfrac{S^{(A)}}{Z} & 1 \end{pmatrix} \tag{17}$$

behandelt werden. Dabei bezeichnet $S^{(A)}/Z = T_{21}^{(A)} / T_{11}^{(A)}$ die mit der Fläche $S^{(A)}$ des Abzweigs multiplizierte Admittanz des Abzweigs, die sich aus den Elementen $T_{21}^{(A)}$ und $T_{11}^{(A)}$ der Übertragungsmatrix $T^{(A)}$ des Abzweigs berechnen lässt. Abzweige sind besonders wichtige Schalldämpferelemente, weil sich mit ihnen, weitgehend ohne Behinderung der Strömung im Rohr, akustische Reflexionsstellen bilden lassen. Zur gezielten Dämpfung in ausgewählten Frequenzbändern werden Abzweige als Resonatoren abgestimmt. Die Wechselwirkung von Rohrleitungsabschnitten mit verschiedenen Resonatoren ist allerdings unübersichtlich und erfordert numerische Auswertungen.

Der Fall eines Abzweigs, der nicht schmal gegen eine Halbwellenlänge ist, kann als Querschnittserweiterung der Rohrleitung behandelt werden, solange der Querschnitt kleiner als eine Halbwellenlänge ist. In Längs- und Querabmessungen über eine Halbwellenlänge hinausgehende Rohrleitungsabschnitte sind der Berechnung durch die Leitungstheorie nicht zugänglich. Dafür gibt es besondere Rechenverfahren, z. B. [17].

Grundsätzlich sind Reflexionen auch durch Querschnittsverengungen erzielbar. Allerdings sind sie in Rohrleitungen kaum anwendbar, weil damit in der Regel nachteilige Strömungsverluste verbunden sind. Die T-Matrix einer Einschnürung mit der Fläche S ergibt sich unmittelbar aus Gl. 12. An einer Blende, für die $k\,l \ll 1$ ist, wird mit $T_{12} \approx j\,\rho\,c\,k\,l\,/\,S = j\,\omega\rho\,l\,/\,S$ ein Massepfropfen $\rho\,l\,S$ wirksam. Bei Durchströmung der Blende bewirkt der Strömungsbeiwert ζ einen dynamisch wirksamen Strömungswiderstand $\rho\,c\,M\,\zeta\,/\,2$. Der Blendendicke sind noch beidseitig Mündungskorrekturen Δl hinzuzufügen, mit denen nicht ausbreitungsfähige Moden durch eine mitschwingende Mediummasse berücksichtigt werden.

Die Mündungskorrektur kommt stets zur Länge l des engeren Rohre hinzu. Sie hängt von der Form und vom Querschnitt der Rohrleitung ab [18, 19]. Für Rohre mit kreisförmigem, quadratischem oder ähnlichem Querschnitt gilt näherungsweise ohne Strömung:

$$\Delta l = \frac{\pi}{2} d \left(1 - 1,47\,\varepsilon^{0,5} + 0,47\,\varepsilon^{1,5}\right)$$
$$\text{mit } \varepsilon = \left(\frac{d}{b}\right)^2. \tag{18}$$

Dabei bezeichnet

d Durchmesser des engeren Rohres,
b Durchmesser des weiteren Rohres oder Abstand zwischen Löchern in einer Ebene.

Strömung verringert die Mündungskorrektur. Näherungsweise bleibt die Mündungskorrektur am Abzweig von einem strömungsführenden Rohr unberücksichtigt.

Eine besondere Art von Mündungskorrektur kann für rotationssymmetrische Abzweige von runden Rohrleitungen verwendet werden, um die Flächenerweiterung im Abzweig zu berücksichtigen. Um die erste Resonanz im Abzweig vom Innenradius r_i bis zum Außenradius $r_a < 5\,r_i$ zu bestimmen, kann näherungsweise mit der Viertelwellenlängenresonanz in einem Abzweigrohr mit konstantem Querschnitt und der Länge $r_a - r_i + \Delta l$ gerechnet werden, wobei

$$\Delta l = \frac{1}{2}\frac{(r_a - r_i)^2}{r_a + r_i} \tag{19}$$

ist. Dies ersetzt die aufwändigere Auswertung von Besselfunktionen.

Die Leitungstheorie ist geeignet, um die Wirksamkeit von Rohrleitungsschalldämpfern zu berechnen, insbesondere von solchen ohne Absorptionsmaterial. Sie ist weiterhin geeignet zur Berechnung von Kulissenschalldämpfern mit Resonatoren in offener oder mit Abdeckungen versehener Bauweise.

Genauere Berechnung der Ausbreitungsdämpfung und Abschätzung der Einfügungsdämpfung von Absorptionsschalldämpfern

In diesem Abschnitt werden in knapper Form die Grundlagen für die Berechnung der Ausbreitungsdämpfung D_a (z. B. [20, 21]) auf der Grundlage der Wellentheorie vorgestellt. Diese Darstellung bleibt auf einfache Kanalquerschnitte gemäß Abb. 17 beschränkt. Diese Formen sind aber zugleich auch die häufigsten. Eine genaue oder zumindest hinreichend genaue Lösung auf dem PC ist heute verfügbar.

Der Wunsch, auch die im Prüfstand zu erwartende Einfügungsdämpfung D_i im Voraus zu berechnen, ist dagegen nur in Form einer brauchbaren Abschätzung möglich.

Kernstück von D_i ist die Ausbreitungsdämpfung D_a. Hinzu kommt noch eine Reflexionsdämpfung D_r am Eingang des Schalldämpfers, für die halbempirische Angaben verfügbar sind. Schließlich ist bei längeren Schalldämpfern noch eine rein empirische Korrektur D_k erforderlich, die die Dämpfungsminderung vor allem durch Nebenweg-Übertragung berücksichtigt.

Somit wird die Einfügungsdämpfung zusammengesetzt gemäß

$$D_i = D_a + D_r + D_k. \tag{20}$$

Für die Querschnittsformen in Abb. 17 werden im Folgenden D_a, D_r und D_k einzeln betrachtet.

Kulissenschalldämpfer

Für die Berechnung der *Ausbreitungsdämpfung* D_a werden zunächst die normierten Absorber-Kennwerte, Wellenwiderstand $Z_{an} = Z_a/Z_o$ und

Ausbreitungskonstante $\Gamma_{an} = \Gamma_a/k$, in Abhängigkeit vom längenspezifischen Strömungswiderstand Ξ des Materials benötigt. Für die zumeist benutzten Fasermaterialien werden vorzugsweise die erweiterten empirischen Formeln von Delany/Bazley benutzt [38]. Diese sind unter Verwendung des Frequenzparameters $C = \Xi/(\rho f)$

für $C \leq 60$:

$$\Gamma_{an} = 0.189 \cdot C^{0.616} + j\left(1 + 0.0978 \cdot C^{0.693}\right)$$
$$Z_{an} = \left(1 + 0.0489 \cdot C^{0.754}\right) - j0.087 \cdot C^{0.731}$$

und für $C \geq 60$:

$$\Gamma_{an} = \sqrt{-1.466 + j0.212 \cdot C}$$
$$Z_{an} = \left(\frac{C}{2\pi} + j1.403\right)/\Gamma_{an} \qquad (21)$$

($Z_o = \rho c$, $\rho =$ Dichte der Luft, $c =$ Schallgeschwindigkeit in Luft, Wellenzahl $k = \omega/c$).

Für andere Materialien finden sich Formeln in [18].

Die Ausbreitungsdämpfung D_a für einen Schalldämpfer der Länge l wird über die Ausbreitungskonstante Γ einer senkrecht auffallenden ebenen Welle gewonnen:

$$D_a = 8,68\mathrm{Re}\{\Gamma\}l = \frac{D_h l}{h}$$
$$= 8,68\mathrm{Re}\left\{\sqrt{E - (kh)^2}\right\}\frac{l}{h}\,\mathrm{dB}. \qquad (22)$$

Der Parameter E charakterisiert die Querverteilung des Druckes im Spalt und wird über die Randbedingungen bestimmt.

Im Fall eines kassettierten Absorbers erhält man die Bestimmungsgleichung

$$\sqrt{E}\tan\sqrt{E} = jkhZ_o/Z_{ein}$$
$$= \frac{jkhZ_o}{Z_s + Z_a/\tan h(\Gamma_a d)}. \qquad (23)$$

Z_{ein} bezeichnet die Eingangsimpedanz der Absorberschicht, bei der eine dünne Abdeckung durch ihre Serienimpedanz Z_s berücksichtigt werden

kann. Die Lösung dieser Gleichung nach E ist ohne Iteration möglich, wenn für den Tangens eine Kettenbruch-Entwicklung bis zu Potenz 2 eingesetzt wird [21]. Eine Kassettierung ist nur bei losem Absorbermaterial aus mechanischen Gründen notwendig und wird deshalb selten angewendet, zumal die Dämpfung bei niedrigen Frequenzen geringer ausfällt als beim isotropen Absorber. Deshalb wird im Weiteren nur noch der isotrope Absorber betrachtet.

Die Bestimmungsgleichung für den isotropen Absorber lautet

$$\sqrt{E}\,\tan\sqrt{E} = \frac{j}{\Gamma_{an}Z_{an}}\sqrt{(\Gamma_a h)^2 + (kh)^2 - E}\,.$$
$$\tan h\left(\Lambda\sqrt{(\Gamma_a h)^2 + (kh)^2 - E}\right). \qquad (24)$$

mit dem Ausstellungsverhältnis $\Lambda = d\,/\,h$.

Die Lösung erfolgt zumeist iterativ, gelingt aber nach [22] auch ohne Iteration, indem wieder links die Kettenbruchnäherung für den Tangens eingesetzt und rechts ein Schätzwert für E verwendet wird. Diesen Schätzwert gewinnt man durch Extrapolation schon bekannter Werte auf der Ortskurve von E.

Diese einfachen Verfahren versagen allerdings bei Absorbern mit niedrigem spezifischem Strömungswiderstand. Dann überschneiden sich zwei verschiedene Lösungskurven für E und das Lösungsverfahren wird an dieser Stelle instabil. Abhilfe schafft das iterative Muller-Verfahren, bei dem die verbesserte Lösung aus drei Startwerten gewonnen wird, für welche die letzten schon berechneten Werte auf der Ortskurve von E verwendet werden. Die erste Rechnung erfolgt mit aufsteigender Frequenz. Danach folgt mit geeigneten Startwerten am oberen Frequenzende eine zweite Rechnung mit fallender Frequenz. Ausgewählt wird diejenige Lösung, die die niedrigste Dämpfung ergibt. Die Kurve a) in Abb. 18 veranschaulicht das Verfahren.

Die Erweiterung von Gl. 24 um die Serienimpedanz Z_s einer Abdeckung erfolgt nach [21] sinngemäß zu Gl. 23.

Abb. 18 zeigt den nach Gl. 22 und 24 berechneten Dämpfungsverlauf für einen durchschnittlichen Kulissenschalldämpfer ohne Abdeckung mit dem Ausstellungsverhältnis $\Lambda = d/h = 1$.

Der Frequenzverlauf der Dämpfung zeigt von tiefen Frequenzen her zunächst einen ansteigenden Ast gemäß dem zunehmenden Absorptionsvermögen der Wandauskleidung. Dann folgt ein mehr oder weniger breites Plateau und oberhalb einer Frequenz, bei der die Wellenlänge kleiner als die Weite des freien Querschnitts wird, ein stetiger Abfall (Durchstrahlungseffekt).

Die Dämpfungskurven in Abb. 18 zeigen bei einem spezifischen Strömungswiderstand $\Xi = (8\ldots16)$ kNs/m^4 ein zugleich breites und hohes Plateau, entsprechend einem Anpassungsverhältnis $\varepsilon = (\Xi\ d)/(\rho c) \approx 3$. Dieser Richtwert gilt generell.

Die Abhängigkeit der auf die halbe Spaltweite $H/2 = h$ bezogenen Dämpfung D_h von den Parametern d, h und Ξ lässt sich durch die normierte Darstellung in Abb. 19 aus [3] übersichtlich gestalten: Ein Verringern der Spaltweite h verschiebt die Kurve zu höheren Frequenzen und erhöht gemäß Gl. 22 die Dämpfung D_a. Ein Vergrößern der Absorberdicke d bei Einhaltung des optimalen Anpassungsverhältnisses ε verbreitert den Bereich maximaler Dämpfung. Dem sind aber in der Praxis durch das Ansteigen von Druckverlust und Strömungsgeräusch Grenzen gesetzt.

Bei längeren Schalldämpfern werden die hohen Spitzenwerte D_h meist auf Grund von Nebenwegen nicht erreicht. Deshalb werden in der älteren Literatur solche D_h-Kurven auf 1,5 dB – wie bei der Piening-Formel [9] – begrenzt. Das führt bei der Auslegung von kurzen Schalldämpfern aber zu einem unnötigen Mehraufwand. Deshalb wurde in [23] das Konzept einer Dämpfungskorrektur D_k entwickelt.

Die *Reflexionsdämpfung* D_r wird über den Reflexionsfaktor R der auffallenden ebenen Welle berechnet:

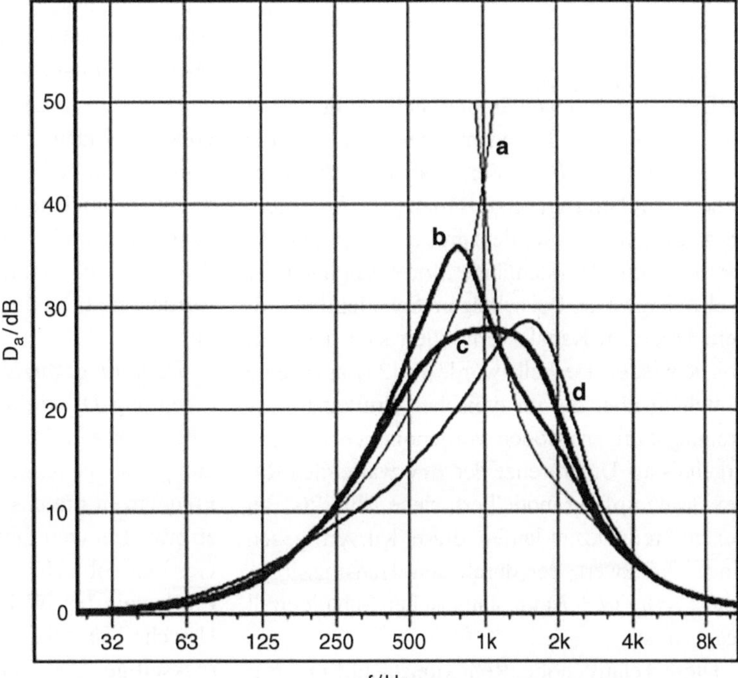

Abb. 18 Ausbreitungsdämpfung D_a für einen Kulissenschalldämpfer mit isotropem Absorber.
$l = 1$ m, $d = h = 0,1$ m.
a $\Xi = 4$ kNs/m^4.
b $\Xi = 8$ kNs/m^4.
c $\Xi = 16$ kNs/m^4.
d $\Xi = 32$ kNs/m^4

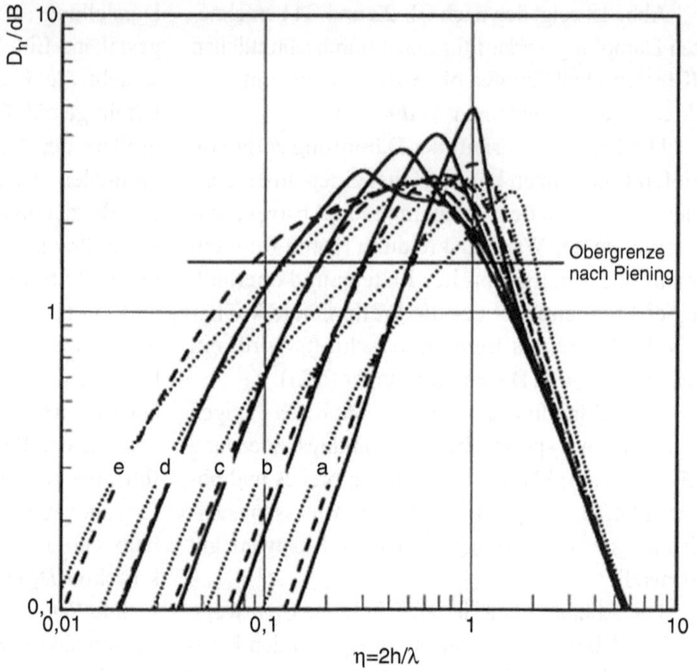

Abb. 19 Normierte
Ausbreitungsdämpfung D_h
für Kulissenschalldämpfer
mit isotropem Absorber.
Frequenzparameter
$\eta = 2\,h/\lambda,\ \Lambda = d/h$.
a $\Lambda = 0{,}25$.
b $\Lambda = 0{,}5$.
c $\Lambda = 1$.
d $\Lambda = 2$.
e $\Lambda = 4$
----$\varepsilon = 2$
- - -$\varepsilon = 4$
.....$\varepsilon = 8$

$$D_\text{r} = -10 \log\,(\tau)\ \text{dB} = -10\,\lg\!\left(1 - R^2\right)\ \text{dB} \tag{25}$$

(τ Transmissionsgrad).

Der Kulissenschalldämpfer stellt an der Front ein periodisches Impedanzgitter dar, für die Berechnung von R müssen deshalb auch räumliche Teilwellen angesetzt werden [24]. Im Ergebnis zeigt sich ein besonders großer Reflexionsfaktor, wenn die Periodenlänge $2\,(d + h)$ gleich der Wellenlänge λ ist. Bei schrägem Schalleinfall (höhere Mode im Kanal) vermindert sich der Wert von R wieder. Deshalb wurde in [24] auch eine Mittelung über die im typischen Prüfkanal ausbreitungsfähigen Moden vorgenommen und das Ergebnis als Untergrenze der zu erwartenden Reflexionsdämpfung modelliert, siehe Abb. 20. Bei hohen Frequenzen laufen diese Kurven gegen einen Grenzwert, der durch den Transmissionsgrad $\tau = h\,/\,(d + h)$ für statistischen Schalleinfall gegeben ist.

Diese relativ hohe Reflexionsdämpfung tritt nur am Eintritt des Schalldämpfers auf, die Reflexion am Austritt kann dagegen vernachlässigt werden.

Bei der statistischen Auswertung zahlreicher Messergebnisse in [23] wurden die D_r-Kurven in Abb. 20 bestätigt. Jedoch lagen die Werte am oberen Frequenzende merklich höher. Die Ursache hat nichts mit Reflexion zu tun, sondern ist auf höhere Moden zurückzuführen, die auch im Prüfkanal in gewissem Maß vorhanden sind. Die damit verbundene zusätzliche Einlauf-Dämpfung hängt aber nicht von der Länge l ab und kann daher D_r zugeschlagen werden. Entsprechend wurden in [23] die Kurven am oberen Ende angehoben.

Dämpfungskorrektur D_k: Die Ausbreitungsdämpfung D_a wird durch Auswertung der Pegelabfallkurve im Spalt im vorderen Teil des Schalldämpfers gemessen. Dabei zeigt sich bei Frequenzen um das Dämpfungsmaximum schon ab etwa 1 m vom Eintritt ein Abbiegen der Abfall-Geraden, obwohl dort die Grenzdämmung des Prüfkanals bei Weitem noch nicht erreicht ist. Ursache ist die Anregung, Fortleitung und rückseitige Abstrahlung von Körperschall in der Kulissenstruktur selbst. So kann z. B. durch eine Ausführung der Rückseite als Lochblech oder Unterbrechung der Körperschallfortleitung durch

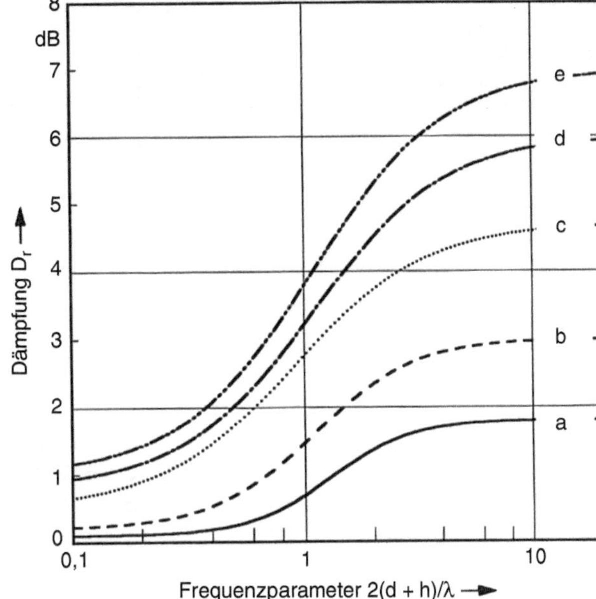

Abb. 20 Modell für die Reflexionsdämpfung D_r eines Kulissenschalldämpfers mit schallharten Stirnseiten nach [24].
a $\Lambda = 0{,}5$.
b $\Lambda = 1$.
c $\Lambda = 2$.
d $\Lambda = 3$.
e $\Lambda = 4$

Segmentierung der Kulissen in Längsrichtung die Dämpfung merklich erhöht werden.

Zur Dämpfungsminderung D_k tragen auch im Prüfkanal bei höheren Frequenzen vorhandene höhere Moden bei: die einzelnen Kulissenspalte werden dann neben der ebenen Welle auch individuell mit antisymmetrischen Moden angeregt. Bei Kulissen ohne schallharte Mittelwand (Praxis) haben letztere aber bei der Frequenz des Dämpfungs-Maximums von Mode Null eine geringere Dämpfung [2, 25].

In [23] wurden für übliche Industriekulissen der Länge $l = 0{,}5\ldots 3$ m mit Vlies/Lochblech-Abdeckung die Messwerte D_i mit der Rechnung $D_a + D_r$ verglichen. Daraus wurde eine mittlere Korrektur ΔD bestimmt. Abb. 21 zeigt ein Beispiel. Aus dieser Korrektur ΔD ergibt sich die Dämpfungskorrektur D_k für Gl. 20 gemäß

$$D_k = \Delta D\,(1\,\text{m} - l[\text{m}])\ \text{dB für } 1\,\text{m} < l \leq 2\,\text{m}\,(3\,\text{m}).$$
$$D_k = 0\,\text{dB} \qquad\qquad \text{für } l \leq 1\,\text{m}.$$

$$(26)$$

Die Angabe (3 m) bedeutet, dass für 3 m lange Kulissen aus einem Stück nur wenige Messwerte zur Verfügung standen, ΔD also weniger sicher ist.

Da D_k aus der Differenz zwischen mittlerem Messwert im Prüfkanal und Rechenwert gewonnen wurde, versteht es sich, dass nunmehr die Vorausberechnung von D_i – wieder im Mittel – gute Ergebnisse liefert [26].

Rohrschalldämpfer ohne Kern
Gl. 22 für die *Ausbreitungsdämpfung D_a* bleibt gültig, die Bestimmungsgleichung für isotropen Absorber lautet nunmehr [21, 27]:

$$\sqrt{E}\frac{J_1\big(\sqrt{E}\big)}{J_0\big(\sqrt{E}\big)} = \frac{j}{\Gamma_{an} Z_{an}} \sqrt{E_a} \cdot \frac{J_1\big(\sqrt{E_a}\big)Y_1\big((1+\Lambda)\sqrt{E_a}\big) - Y_1\big(\sqrt{E_a}\big)J_1\big((1+\Lambda)\sqrt{E_a}\big)}{J_0\big(\sqrt{E_a}\big)Y_1\big((1+\Lambda)\sqrt{E_a}\big) - Y_0\big(\sqrt{E_a}\big)J_1\big((1+\Lambda)\sqrt{E_a}\big)}$$

$$\text{mit } E_a = E - (\Gamma_a h)^2 - (kh)^2. \tag{27}$$

Für die linke Seite genügt wieder eine Kettenbruch-Entwicklung, die rechte Seite bereitet aber numerische Schwierigkeiten, weil mit den üblichen Näherungen für die Zylinderfunktionen

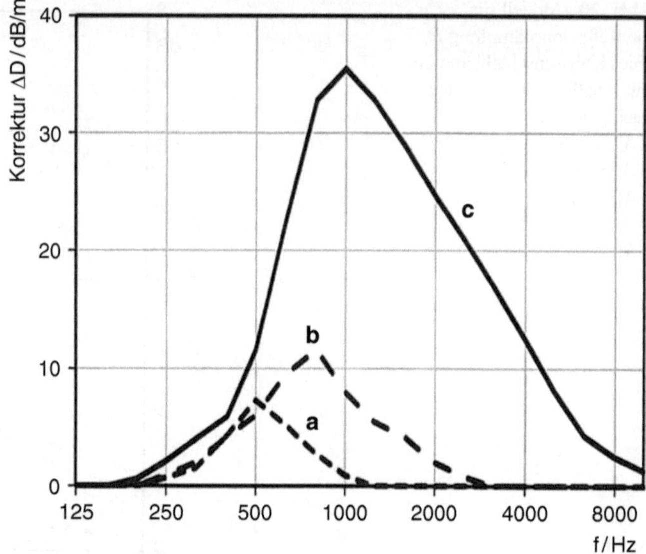

Abb. 21 Korrektur ΔD in dB/m nach [23] für 200 mm breite Kulissen. $\varXi = (9\ldots15)\ \mathrm{kNs/m^4}$.
a $h = 200$ mm.
b $h = 100$ mm.
c $h = 50$ mm

die Dämpfungskurve nur stückweise berechnet werden kann.

Eine aufwändige, aber für den ganzen Frequenzbereich zuverlässige Berechnungsmethode für $J_{0,1}$ und $Y_{0,1}$ ist in [27] angegeben.

Eine wesentliche Vereinfachung ist nach [22] möglich, wenn die rechte Seite Q_r von Gl. 27 durch die mit einer Korrektur-Funktion C multiplizierte rechte Seite Q_s von Gl. 24 für den Schlitz-Kanal ersetzt wird:

$$Q_r \sim C'Q_s' + C''Q_s''$$

mit den Korrekturen

$$C' = (1 + 0,5\Lambda)\left\{1 - 0,9\exp\left[-0,1/\Lambda(F - 5)^2\right]\right\}$$

$$C'' = 1 + 0,9\Lambda/\left[1 + (F/1,45)^{2,5}\right]$$

und dem Parameter

$$F = \Lambda\left|\sqrt{(\Gamma_a h)^2 + (kh)^2 - E}\right|. \qquad (28)$$

Die Näherung weicht lediglich im Dämpfungsmaximum mit vertretbarem Fehler von der exakten Rechnung ab, Abb. 22 zeigt ein Beispiel.

Mit dem Reflexionsfaktor

$$R = (j\,k_o - \Gamma)\,/\,(jk_o + \Gamma) \qquad (29)$$

ergibt sich die *Reflexionsdämpfung* D_r nach Gl. 25. Der Wert beträgt bei tiefen Frequenzen nur $(0,5\ldots2)$ dB und geht bei hohen Frequenzen gegen Null. Die Reflexionsdämpfung ist am Eintritt und auch am Austritt des Schalldämpfers, also doppelt, anzusetzen.

Wie beim Kulissen-Schalldämpfer ist bei hohen Frequenzen ein Zuschlag von einigen dB infolge des Einflusses höheren Kanalmoden anzubringen.

Messwerte für D_i in Terzbandbreite sind für Rohrschalldämpfer nur in geringem Maß verfügbar, so dass bisher auch keine systematische Auswertung für die *Dämpfungskorrektur* D_k vorliegt.

Zumindest eine Schätzung scheint aber mit folgender Überlegung möglich:

Wenn die Nebenweg-Übertragung über das Blechgehäuse des Rohrschalldämpfers in der gleichen Größenordnung liegt wie bei den Blechkulissen und wenn gemäß Abb. 22 D_a für den Rohrschalldämpfer gleicher Spaltweite etwa doppelt so groß wie beim Kulissenschalldämpfer ist, so liegt die Vermutung nahe, dass die Kurven für ΔD übernommen werden können, die Korrektur D_k aber schon bei $l = 0,5$ m beginnen muss.

Abb. 22 Ausbreitungs-dämpfung D_a, $d = h = 0,1$ m, $l = 1$ m, $\Xi = 12$ kNs/m^4.
a Kulissenschalldämpfer.
b Rohrschalldämpfer ohne Kern, exakte Rechnung.
c Rohrschalldämpfer ohne Kern, Näherung Gl. 28

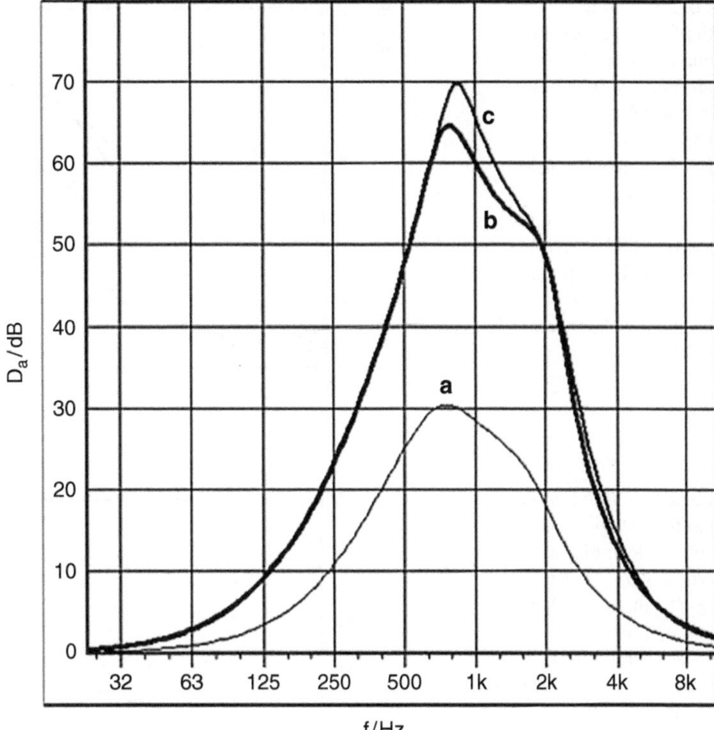

Die Schätzung $D_k{}^*$ für den Rohrschalldämpfer lautet also:

$$D_k{}^* = 2\,\Delta D(0,5\text{ m} - I[\text{m}])\text{ dB}$$
$$\text{für } 0,5\text{ m} <I< 1,5\text{ m}.$$
$$D_k{}^* = 0\text{ dB}$$
$$\text{für } I \leq 0,5\text{ m}. \tag{30}$$

Dieses Vorgehen wurde mit Firmen-Angaben [28] in Oktavbandbreite getestet,

Abb. 23 zeigt ein Beispiel für Schalldämpfer der Rohrweite 250 mm und der Baulänge 0,5 m/1 m/2 m. Zumindest für Oktavenbänder ist diese Schätzung für D_k brauchbar.

Rohrschalldämpfer mit Kern

Die Grundlagen zur Berechnung der *Ausbreitungsdämpfung* D_a von Rohrschalldämpfern mit Kern wurden wegen des hohen Schwierigkeitsgrades erst in [2] vorgelegt. Eine geschlossene Darstellung durch eine Bestimmungsgleichung wie Gl. 27 ist nicht möglich. In Ermangelung eines praktikablen Lösungsverfahrens wird hier nur eine Näherung betrachtet:

Wenn die Absorberdicken d_i und d_a nach Abb. 17 sowie die Strömungswiderstände übereinstimmen, kann man gedanklich durch Auftrennen und Abrollen des Ringspaltes diesen in den ebenen Spalt des Kulissenschalldämpfers überführen und berechnen. Dies gelingt sogar noch dann, wenn sich die Dicken mäßig unterscheiden, indem man den Mittelwert einsetzt. Abb. 24 zeigt ein Beispiel für $d_a = 2 \cdot d_i$. Die Übereinstimmung ist gut, nur die berechnete Maximaldämpfung von etwa 50 dB wird nicht erreicht. Dies ist vermutlich auf die Annäherung des Ringspalts durch einen ebenen Spalt zurückzuführen. Es kann aber auch mit der beginnenden Nebenwegübertragung zusammenhängen.

Wenn nur ein dünner absorbierender Kern verwendet wird, um der Durchstrahlung des Rohrschalldämpfers entgegenzuwirken, ist die vorstehende Näherung nur im oberen Frequenzbereich, wo die Absorption von der Schichtdicke kaum noch abhängt, brauchbar. Im unteren Frequenzbereich ist der dünne Kern nahezu wirkungslos und man kann dort D_a durch Rechnung ohne den Kern abschätzen, also mit $h^* = d_i + 2\,h$ (vgl. Abb. 17).

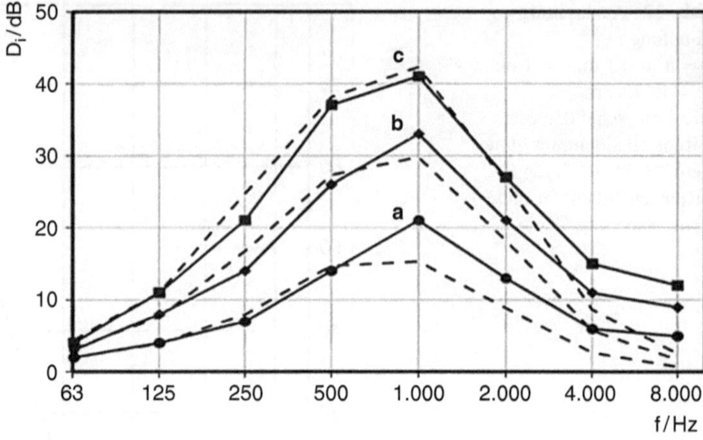

Abb. 23 Einfügungsdämpfung D_i für einen Rohrschalldämpfer ohne Kern mit $h = 0{,}125$ m und der absorbierend wirksamen Länge l. **a** $l = 0{,}38$ m. **b** $l = 0{,}88$ m. **c** $l = 1{,}38$ m.
—— Messwerte nach [28], Serie CA100 NW 250.
- - - - - exakte Rechnung für D_a nach Gl. 27, D_r nach Gl. 29 und Schätzwert D_k^* Gl. 30

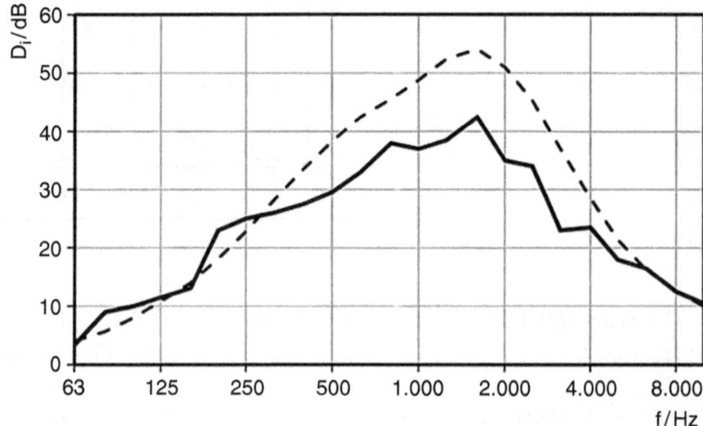

Abb. 24 Einfügungsdämpfung D_i für einen Rohrschalldämpfer mit Kern [26]. $d_i = 0{,}1$ m, $d_a = 0{,}2$ m, $h = 0{,}05$ m, $l = 1$ m. Messwerte.
- - - - - Näherung für D_a nach Gl. 24 mit $d = 0{,}15$ m und D_r nach Abb. 20

Die Ermittlung von *Reflexionsdämpfung* und *Dämpfungskorrektur* wird sich am Kulissen-Schalldämpfer orientieren müssen.

Einfluss verschiedener Abdeckungen

Zum Schutz der porösen Absorbermaterialien werden dünne akustisch transparente Abdeckungen (Lochblech, Vlies, Folie) angebracht, die rechnerisch durch eine Serienimpedanz analog zu Gl. 23 berücksichtigt werden (siehe auch Abschn. 3.2 und Absorberkulissen).

Lochblech und Vlies vermindern nur das Dämpfungsmaximum geringfügig und können evtl. vernachlässigt werden. Eine (schlaffe) Folie führt dagegen schon bei geringer Flächenmasse zu einer erheblichen Dämpfungsminderung bei hohen Frequenzen, siehe Abb. 25 b.

Bei Schalldämpfern für hohe Strömungsgeschwindigkeiten wird mitunter zum Schutz der weichen Absorberschicht vor Austragung statt des Vlieses eine abriebfeste, dichte Randplatte (mit entsprechend hohem Strömungswiderstand) eingesetzt. Hier ist die Darstellung als Serien-Impedanz nicht mehr ausreichend. Die Berechnungsmethoden für geschichtete Absorber [29] lassen sich aber auf die Schalldämpferrechnung übertragen. Abb. 25 c zeigt ein Beispiel.

Hinweis: Die deutliche Dämpfungsminderung durch Folie oder Randplatte ist weniger dramatisch als es scheint, denn:

- Bei längeren Schalldämpfern mit Lochblech/ Vlies bewirken die Nebenwege eine ähnliche Minderung (deshalb D_k)
- Bei der Auslegung von Absorptionsschalldämpfern liegt der Schwachpunkt meist bei niederen Frequenzen. Dann muss zur Einhaltung der Forderungen eine solche Länge gewählt werden,

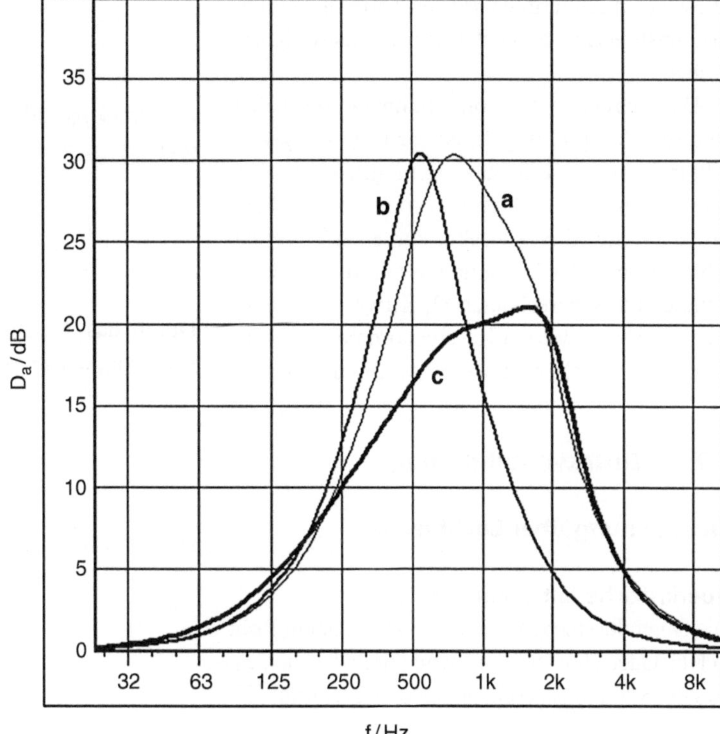

Abb. 25 Ausbreitungs-dämpfung D_a für einen Kulissenschalldämpfer mit Abdeckung. $h = 0,1$ m, $l = 1$ m, a und b: $d = 0,1$ m, $\Xi = 12$ kNs/m^4. **a** ohne Abdeckung. **b** Lochblech + Folie 50 g/m^2. **c** Lochblech – Randplatte $d = 0,02$ m, $\Xi = 35$ kNs/m^4 – Kernplatte $d = 0,08$ m, $\Xi = 8$ kNs/m^4

dass bei höheren Frequenzen der Schalldämpfer häufig überdimensioniert ist.

Einfluss der Strömung

Unter der vereinfachenden Annahme eines ebenen Strömungsprofils im Spalt mit der mittleren Geschwindigkeit v kann der Strömungseinfluss durch einen zusätzlichen Faktor

$$w = \left[1 - M\sqrt{1 - (1 - M^2)E/(kh)^2}\right]/(1 - M^2)$$

(31)

auf der rechten Seite von Gl. 24 bzw. 27 hinreichend genau berücksichtigt werden [21, 22].

An die Stelle von Gl. 22 tritt nun

$$D_a = 8,68\mathrm{Re}\left\{\sqrt{(1 - M^2)E - (kh)^2}/(1 - M^2)\right\} \, l/h \text{ dB.}$$

(32)

Die Machzahl $M = v/c$ ist positiv anzusetzen, wenn die Strömung in Richtung der Schallausbreitung erfolgt (Abblas-Schalldämpfer), andernfalls negativ (Ansaug-Schalldämpfer).

Bei Strömung in Richtung der Schallausbreitung sinkt D_a auf dem ansteigenden Ast und im Maximum der Dämpfungskurve, andernfalls steigt D_a dort an. Da nur die Machzahl eingeht, ist unterhalb von etwa 20 m/s der Einfluss gering und kann evtl. vernachlässigt werden.

Einfluss der Temperatur

In die Rechnung werden die temperaturkorrigierten Werte für die Dichte ρ und die Schallgeschwindigkeit c der Luft eingesetzt. Der Anstieg in c bewirkt tendenziell eine Verschiebung der Dämpfungskurve um 1 Terz pro 200° Temperaturanstieg in Richtung zu hohen Frequenzen. Zusätzlich wird aber die Kurvenform durch den Anstieg im spezifischen Strömungswiderstand Ξ ungünstig beeinflusst. Nach [3] gilt:

$$\Xi = \Xi_0\sqrt{(273 + \Theta)/293} \cdot 1,389/[1 + 114/(273 + \Theta)]$$

(33)

Diese Form-Änderung wird aus Abb. 18 deutlich: die günstige Kurve c geht in die ungünstige Kurve d über.

Da Messwerte für hohe Temperaturen selten sind (ein Beispiel in [3]), ist zur Dämpfungskorrektur D_k nur eine Schätzung möglich: die Korrektur ist immer im Maximum von D_a am größten. Daher sollte die Korrekturkurve ΔD gemäß Abb. 21 unter das Maximum der für die jeweilige Temperatur Θ berechneten D_a-Kurve verschoben werden. Dabei wird in Kauf genommen, dass die Kurvenform nicht mehr ganz zutreffend sein wird.

5.2   Druckverminderung

Entspannung über Lochbleche

Überkritische Entspannung

Die Durchflussmenge Q eines Gases in einem Rohr mit der Querschnittsfläche S wird durch die Dichte ρ und die Strömungsgeschwindigkeit v bestimmt [5]:

$$Q = \rho v S. \tag{34}$$

Die maximale Geschwindigkeit bei stationärem Ausströmen ist die Schallgeschwindigkeit. Sie beträgt [5]:

$$v_1 = c_0 \sqrt{\frac{2}{\kappa + 1}}. \tag{35}$$

Dabei bezeichnet κ den Isentropenexponent und

$$c = \sqrt{\kappa R T} \tag{36}$$

die Schallgeschwindigkeit bei der absoluten Temperatur T. R ist die spezifische Gaskonstante: für Wasserdampf $R = 461\ \mathrm{m^2 s^{-2} K^{-1}}$, für Luft $R = 287\ \mathrm{m^2 s^{-2} K^{-1}}$.

Der Index 0 bezieht sich auf einen Behälter vor dem Lochblech. Die erforderliche Lochfläche ergibt sich mit der allgemeinen Zustandsgleichung für ideale Gase

$$\rho = \frac{p}{RT} \tag{37}$$

und der Poissonschen Adiabatengleichung

$$\frac{p_1}{p_0} = \left(\frac{\rho_1}{\rho_0}\right)^{\kappa} \tag{38}$$

aus Druck p_0 und Temperatur T_0 im Behälter sowie dem Druck p_1 am Austritt des Lochblechs zu

$$S_1 \geq \frac{Q}{p_0} = \sqrt{RT_0}\left(\frac{p_1}{p_0}\right)^{-\frac{1}{\kappa}}\left(\frac{\kappa + 1}{2\kappa}\right)^{\frac{1}{2}} \tag{39}$$

Durch das Ausströmen kann der Druck in den Löchern höchstens von p_0 auf den Wert

$$p_1 = p_0 \left(\frac{2}{\kappa + 1}\right)^{\frac{\kappa}{\kappa - 1}} \tag{40}$$

abfallen, d. h. für $\kappa = 1{,}4$ höchstens auf 53 % von p_0. Daraus ergibt sich die gesuchte Fläche zu

$$S_1 \geq \frac{Q}{p_0} = \sqrt{\frac{RT_0}{\kappa}}\left(\frac{\kappa + 1}{2}\right)^{\frac{\kappa + 1}{2(\kappa - 1)}}. \tag{41}$$

Bei einzelnen oder sich gegenseitig nicht beeinflussenden Löchern führt der Ausströmvorgang ins Freie zu starker Geräuscherzeugung mit einem Schallleistungspegel von etwa

$$L_\mathrm{W} \approx 93 + 10\ \lg\left(\frac{Qc^2}{1W}\right)\ \mathrm{dB}. \tag{42}$$

Unterkritische Entspannung

Eine weitere, unterkritische Druckabnahme über ein Lochblech ist mit dem Widerstandsbeiwert ζ_n zu beschreiben:

$$\Delta p_\mathrm{n} = p_\mathrm{n} - p_{\mathrm{n}+1} = \zeta_\mathrm{n} \frac{\rho_\mathrm{n}}{2} v_\mathrm{n}^2. \tag{43}$$

Die Druckdifferenz ist mit der Machzahl $M = v_\mathrm{n}/c$ der Anströmgeschwindigkeit darstellbar:

$$\Delta p_\mathrm{n} = \zeta_\mathrm{n} \frac{\kappa}{2} \frac{v_\mathrm{n}^2}{c^2} p_\mathrm{n}. \tag{44}$$

Der Widerstandsbeiwert ζ_n ergibt sich aus der Geometrie des Lochblechs, insbesondere für scharfkantige Löcher aus dem Lochanteil σ mit $\zeta_\mathrm{n} = \zeta/\sigma^2$ und [30]:

$$\zeta = \left(\sqrt{\frac{1-\sigma}{2}} + 1 - \sigma \right)^2 . \tag{45}$$

Erreichbar sind Werte bis 2,9. Das bedeutet, mit einstufiger Entspannung kann eine wesentliche Druckminderung nur mit hohen Machzahlen in der Öffnung erreicht werden, womit eine zusätzliche Geräuscherzeugung verbunden ist.

Um die Geräuscherzeugung klein zu halten, muss eine kleine Machzahl $v_n /(c\sigma)$ eingehalten werden. Die Begrenzung der Machzahl auf 0,2 liefert im Vergleich mit überkritischer Entspannung eine Schallpegelminderung der Geräuscherzeugung um etwa 40 dB.

Entspannung über feine Poren

Sehr feine Perforationen oder Gestricke bewirken, dass die Geräuscherzeugung nicht mehr durch die Strömungsgeschwindigkeit in einzelnen Löchern bestimmt wird und infolge von Ausgleichsvorgängen die Schallleistung nur etwa mit der 4. Potenz der Strömungsgeschwindigkeit ansteigt.

Hinsichtlich des Widerstandsbeiwertes kommt es auf die Reynolds-Zahl

$$Re = \frac{v_a \delta}{v} \tag{46}$$

an, wobei $v_a = v_1/\sigma$ die Anströmgeschwindigkeit, δ den Faserdurchmesser und v die kinematische Zähigkeit bezeichnet. Für Reynoldszahlen $Re \geq 400$, was z. B. für runde Drähte mit 0,28 mm Durchmesser zutrifft, die bei 10 bar und 275 °C von Wasserdampf ($v = 5$ mm^2/s) mit $v_a = 20$ m/s angeströmt werden ($Re = 1120$), errechnet sich der Widerstandsbeiwert für Drahtgewebe bezogen auf die Anströmgeschwindigkeit aus [30]:

$$\zeta_a = 1,3(1 - \sigma) + \left(\frac{1}{\sigma} - 1 \right)^2 . \tag{47}$$

Mit geringen Porositäten werden sehr hohe Widerstandsbeiwerte erreicht. Die Porosität einlagiger Gewebe errechnet sich aus dem Drahtdurchmesser δ und der Anzahl z' der Drähte je Längeneinheit:

$$\sigma = 1 - z'\delta. \tag{48}$$

Für mehrlagige Drahtgewebe addieren sich die Druckverlustkoeffizienten zum Gesamtwert ζ_{ges}.

Druckverluste

Strömungsverluste eines Schalldämpfers werden durch den Widerstandsbeiwert

$$\zeta = \frac{\Delta p_t}{\frac{\rho}{2} v_1^2} \tag{49}$$

beschrieben. Dabei bezeichnet

Δp_t den Gesamtdruckverlust in Pa,
ρ die Gasdichte in kg/m^3,
v_1 die mittlere Geschwindigkeit der Anströmung im Querschnitt mit der Fläche S_1 vor dem Schalldämpfer in m/s.

Der Bezug auf die mittlere Maximalgeschwindigkeit v_{max} im engsten Querschnitt des Schalldämpfers mit der Fläche S_{min} erfordert die Umrechnung

$$\Delta p_t = \zeta \frac{\rho}{2} v_{max}^2 \left(\frac{S_{min}}{S_1} \right)^2 . \tag{50}$$

Zum Gesamtdruckverlust tragen Stoßstellen an den Enden und im Innern des Schalldämpfers sowie Reibungsverluste längs der von der Strömung benetzen Oberfläche bei [3], [37]. Reibungsverluste errechnen sich für RLT-Anlagen ähnlich wie die Dämpfung nach Gl. 6 aus:

$$\zeta_f = 0,013 \frac{U_f l}{S_f} \left(\frac{S_1}{S_f} \right)^2 . \tag{51}$$

Dabei ist

0,013 ein Kennwert für die Rauigkeit von handelsüblichen Stahlrohren, der auch für absorbierende Oberflächen von RLT-Schalldämpfern gilt. Für Lochblechabdeckungen ist nach [31] mit 0,02 zu rechnen. Für Kulissen in RLT-Anlagen ist nach [32] der Kennwert im Mittel 0,016, der Exponent in Gl. 52 jedoch etwa 2,9.

U_f der benetzte Umfang (nicht nur der schallabsorbierende),

S_f die zugehörige Querschnittsfläche,

l die zugehörige Länge des Schalldämpfers.

Runde Rohrleitungsschalldämpfer ohne Kern liefern besonders kleine Reibungsverluste. Schalldämpfer mit rundem Kern oder mit einer rechteckigen Mittelkulisse sind strömungstechnisch als gleichwertig zu betrachten, wenn das Verhältnis U_f/S_f gleich ist. Bereits eine sehr dünne Mittelkulisse bewirkt Strömungsverluste wie ein Kern mit 40 % des freien Rohrdurchmessers. Schalltechnisch sind wegen des höheren Absorptionspotenzials runde Kerne günstiger. Konstruktiv besitzen Kulissen jedoch Vorteile.

Für Kulissenschalldämpfer mit Kulissen der Dicke $2d$ im Abstand $2h$ ist näherungsweise unter Vernachlässigung der Kanalwand:

$$\zeta_f = 0{,}013 \, \frac{l}{h} \left(1 + \frac{d}{h}\right)^2. \tag{52}$$

In Kammern unterteilte Kulissen ohne glatte Abdeckung, wie sie z. B. als „Tannenbaum"-Schalldämpfer eingesetzt werden, liefern je nach Strömungsrichtung und Form der Kammerabdeckung unterschiedliche Reibungsverluste, die praktisch nur aus Messungen zu bestimmen sind. In strömungsgünstiger Richtung ist der Faktor 0,013 realisierbar.

Stoßstellenverluste am Eintritt der Strömung hängen von der Querverteilung und dem Drall der Strömung und von der Geometrie des Schalldämpfers ab. Für drallfreie, senkrechte Anströmung von Kulissen gilt [1]:

$$\zeta_s = \left(\frac{d}{h}\right)^2 \left[0{,}5\,\zeta_1 \left(\frac{h}{d} + 1\right) + \zeta_2\right]. \tag{53}$$

Dabei bezeichnet

ζ_1 Widerstandsbeiwert für die Anströmseite; bei Rechteckform $\zeta_1 = 1$, bei Halbrund-Profil $\zeta_1 = 0{,}1$,

ζ_2 Widerstandsbeiwert für die Abströmseite; bei Rechteckform $\zeta_2 = 1$, bei Halbrund-Profil $\zeta_2 \approx 0{,}7$, bei flachem Keil kleiner.

Stoßstellenverluste durch aneinander gereihte Kulissen sind klein, auch wenn sich dazwischen Lücken in der Größenordnung der Spaltweite befinden. Beim Versetzen einer zweiten Reihe von Kulissen kommen aber noch große Stoßstellenverluste hinzu, die diejenigen einer einzelnen Reihe übertreffen.

Gesamtdruckverlustkoeffizienten für verschiedene Einbauten in Schalldämpfern, wie z. B. Funkenfänger, konische Übergangstücke oder helikale Bleche finden sich in [31, 36].

5.3 Strömungsrauschen

Nach Untersuchungen von Stüber [33] nimmt die Geräuscherzeugung an einstufigen Drosselstellen in einem weiten Bereich mit der dort auftretenden Druckdifferenz zu.

Für eine wesentliche Geräuscherzeugung in glatten Rohrleitungen, die in der Literatur gelegentlich genannt wird, gibt es weder messtechnische Nachweise noch physikalische Begründungen.

Für den Bereich kleiner Druckdifferenzen, der für Schalldämpfer von Interesse ist, ist die Schallleistung etwa der 2,5. Potenz des Widerstandsbeiwertes und der 6. Potenz der Strömungsgeschwindigkeit v proportional.

Die Strömungsgeräusche setzen sich in Analogie zum Druckverlust aus den energetischen Anteilen in Folge der Einströmung, der Durchströmung und der Abströmung zusammen.

Die Strömungsgeräusche in Folge der Einströmung sind insbesondere zu beachten, wenn die Schallausbreitung entgegen der Strömungsrichtung erfolgt. Hierzu gehören die Ansaugschalldämpfer.

Bei Kulissen mit Lochblechabdeckungen sind die strömungsinduzierten Geräusche durch die Interaktion von Strömung und Lochblech von Bedeutung. Zwar unterliegt das Schallfeld im Kulissenspalt stetiger Dämpfung, jedoch sind die energetischen Anteile der durch das Lochblech generierten Strömungsgeräusche nicht vernachlässigbar, insbesondere wenn der Kulissenspalt größer als die Kulissendicke ist. Das gilt sowohl für Ansaug- als auch für Abgasschalldämpfer. Das Spektrum des über einen Kulissenspalt mit Lockblechabdeckungen bei Durchströmung verursachten abgestrahlten Schalls wurde durch Messungen breitbandig mit einem Maximum bei der Strouhal-Zahl $Sr = f D_\mathrm{H} / v \approx 0{,}3$ ermittelt. Dabei sind D_H der Lochdurchmesser der perforierten Bleche und v die Strömungsgeschwindigkeit im Kulissenspalt. Für Lochdurchmesser D_H von 0,005 m ergeben sich die Peak-Frequenzen für Spaltgeschwindigkeiten von 10–30 m/s linear entsprechend zu 600–1800 Hz.

Das Spektrum des über eine Ausströmöffnung mit Durchmesser D abgestrahlten Schalls ist breitbandig mit einem Maximum bei der Strouhal-Zahl $Sr = f D / v \approx 0{,}2$, die bei kleinen Machzahlen $M < 0{,}2$ für industrielle Schalldämpfer mit der charakteristischen Dicke $D > 0{,}1$ m durchweg zu niedrigen Frequenzen $f < 140$ Hz gehört. Das Oktavbandspektrum eines turbulenten Freistrahls nimmt bei höheren Frequenzen etwa mit $1/f$ ab.

Ein Schalldämpfer ist als Drosselstelle insbesondere mit den Druckverlusten am Ende wirksam. Für die Abströmseite von Rechteckkulissen ist der Oktavschallleistungspegel nach Prüfstandsmessungen aus

$$L_\mathrm{W,\,oct} = B + 10 \lg \left(\frac{p\,c\,S}{W_0} M^6 \right) \mathrm{dB} + C_1 + C_2 \tag{54}$$

abzuschätzen [1, 15]. Dabei bezeichnet

B eine Konstante (deren Abhängigkeit vom Widerstandsbeiwert noch nicht hinreichend gesichert ist), für Rechteckkulissen $B = 58$ dB,

p statischer Druck in Pa,

c Schallgeschwindigkeit in m/s,

S Spaltfläche zwischen den Kulissen in m^2,

M Machzahl der Strömung im Spalt,

W_0 Bezugsschallleistung 1 pW,

C_1 Korrektur für die Rückwirkung der Kanalwände bei tiefen Frequenzen in dB, die der Reflexionsdämpfung am offenen Kanalende entspricht,

C_2 Korrektur für hohe Frequenzen in dB, mit dem Erfahrungswert

$$C_2 = -10 \lg \left[1 + \left(\frac{f\,\delta}{v} \right)^2 \right] \mathrm{dB}$$

$$\delta \approx 0{,}02 \text{ m.} \tag{55}$$

Bei A-Bewertung des Spektrums wird die Korrektur C_1 für industrielle Schalldämpfer unbedeutend. Auf die Korrektur C_2 nehmen bereits kleine Formänderungen am Kulissenende deutlich Einfluss. Der A-bewertete Gesamt-Schallleistungspegel errechnet sich mit Gl. 54 und 55 aus:

$$L_\mathrm{WA} = \left(-23 + 67 \lg \frac{v}{v_0} + 10 \lg \frac{S}{S_0} - 25 \lg \frac{T}{T_0} \right) \mathrm{dB.} \tag{56}$$

Dabei ist

v Strömungsgeschwindigkeit im Spalt bezogen auf $v_0 = 1$ m/s,

S Kanalquerschnittsfläche bezogen auf $S_0 = 1$ m^2,

T absolute Temperatur bezogen auf $T_0 = 293$ K.

Üblicherweise werden Schalldämpfer so bemessen, dass deren Strömungsgeräusch im Pegel deutlich unter dem Anlagengeräusch liegt. Deshalb sind nur wenige Erfahrungswerte aus der Praxis verfügbar. Gl. 54, 55 und 56 beziehen sich auf Prüfstandsergebnisse.

6 Messverfahren

6.1 Regelwerke

Für Messungen an Schalldämpfern liegen mehrere Regelwerke vor:

- Laborverfahren DIN EN ISO 7235 [34] zur Bestimmung der Einfügungsdämpfung, der Strömungsgeräusche und der Druckverluste von Kanalschalldämpfern und anderen Kanaleinbauten (außer von Kraftfahrzeug-Schalldämpfern).

- Laborverfahren der Genauigkeitsklasse 3 DIN EN ISO 11691 [35] zur Bestimmung der Einfügungsdämpfung von runden und rechteckigen (hauptsächlich absorbierend wirkenden) Kanalschalldämpfern ohne Strömung; Schalldämpferdurchmesser im Bereich 80 mm bis 2000 mm, bei rechteckigen Querschnitten Flächen derselben Größenordnung.
- Messungen im Einsatzfall DIN EN ISO 11820 [8] zur Bestimmung der Einfügungsdämpfung oder Durchgangsdämpfung an eingebauten Schalldämpfern aller Art unter anlagentechnischen Betriebsbedingungen; zusätzlich orientierende Strömungs-, Druckdifferenz- und Temperaturmessungen.

6.2 Labormessungen

Schalldämpfermessungen im Labor nach dem Substitutionsverfahren zielen in erster Linie auf die Bestimmung eines Mindestwerts der Durchgangsdämpfung. Messungen des Druckverlustes und des Strömungsrauschens werden nur in Sonderfällen durchgeführt, für die keine ausreichenden Erfahrungen vorliegen. Die Durchgangsdämpfung wird durch geeignete Ausbildung der Sendeseite und des Kanalabschlusses über die Einfügungsdämpfung ermittelt. Der Mindestwert der Dämpfung gehört in engen Kanälen zur Anregung mit einer ebenen Schallwelle.

Auf der Sendeseite hat sich der Anschluss eines Lautsprechers an ein Rohr von 0,4 m Durchmesser bewährt, von dem im Frequenzbereich bis 500 Hz ausschließlich ebene Wellen übertragen werden. Zur Anpassung an eine abweichende Eintrittsfläche des Schalldämpfers dient ein Übergangsstück. Um Mehrfachreflexionen zwischen Schalldämpfer und Lautsprecher zu vermeiden, ist im Übertragungsweg des Schalls für eine Dämpfung zu sorgen, die das Nutzsignal jedoch nicht zu stark abschwächen soll. Dies kann in einfacher Weise durch den seitlichen Anschluss des Lautsprechers an den Strömungskanal erfol-

gen, da dieser gegenüber dem Ventilator für eine Messung des Strömungsrauschens gedämpft sein muss. Dem zu messenden Schalldämpfer kann auch ein kurzer Schalldämpfer mit gleicher Querschnittsgeometrie vorgeschaltet sein, der als Modenfilter im Bereich höherer Frequenzen dient.

Das Grenzdämpfungsmaß der Kanalwände muss mindestens 10 dB über dem Maximum des für den Messgegenstand zu bestimmenden Einfügungsdämpfungsmaßes liegen. Dazu werden Nebenwege infolge Körperschall- und Luftschallübertragung durch konstruktive Maßnahmen gemindert, wie

- Verwendung schwerer und/oder doppelschaliger Kanalwände mit hoher innerer Dämpfung,
- Vermeidung akustischer Lecks,
- Segmentierung der Messkanäle und elastische Zwischenlagen an den Schnittstellen.

Auf der Empfängerseite ist entweder ein reflexionsarmer Abschluss vorzusehen oder wenigstens sicherzustellen, dass keine wesentlichen Verfälschungen des Messergebnisses durch Mehrfachreflexionen zwischen Schalldämpfer und Kanalabschluss auftreten. Bei Absorptionsschalldämpfern kann letzteres in der Regel angenommen werden, während bei Reflexionsschalldämpfern besondere Maßnahmen erforderlich sind. Messungen im Abschlusskanal sind praktisch nur ohne Strömung durchführbar. Vorzugsweise wird außerhalb des Abschlusskanals auf einer Hüllfläche oder in einem Hallraum gemessen. Ungeänderte Umgebungsbedingungen mit ausreichend niedrigem Fremdgeräuschpegel liefern aus Messungen mit dem Prüfling und mit einem Substitutionskanal problemlos die Einfügungsdämpfung.

Schwierigkeiten ergeben sich nur bei Messungen mit Strömung durch das im Schalldämpfer entstehende Strömungsgeräusch. Ein normgemäß einzuhaltender Störabstand von 10 dB zum Nutzsignal kann bei hochwirksamen Schalldämpfern sehr hohe Pegel des Sendesignals erfordern.

Die Bestimmung der Schallleistung des Strömungsgeräusches ist insofern bedeutend schwieriger als die Messung der Einfügungsdämpfung ohne Strömung, da aufwändige Maßnahmen zur Dämpfung des Ventilatorgeräusches, zur Strömungsführung hinter dem Prüfling und zur Korrektur für Endreflexionen am Kanalabschluss und für einen eventuellen Hallraumeinfluss getroffen werden müssen. Zwischen Ventilator und Prüfling sind hochwirksame Schalldämpfer einzusetzen. Der Kanalquerschnitt hinter dem Prüfling muss deutlich größer als der freie Querschnitt des Prüflings sein.

Prüfstandsmessungen zum Druckverlust sind in DIN EN ISO 7235 [34] ebenso wie Dämpfungsmessungen auf bestmögliche Reproduzierbarkeit hin spezifiziert. Das gelingt nur mit der Bestimmung von Mindestwerten. Während darin schalltechnisch in engen Kanälen Planungssicher-

heiten enthalten sind, gilt das für die Druckverluste gerade nicht.

6.3 Feldmessungen

Wichtig für die akustischen Feldmessungen ist die Zuordnung des Einsatzfalls zu einem von 20 schematisierten Fällen, die in Tab. 3 dargestellt sind. 16 Fälle beziehen sich mit Messungen vor und hinter dem Schalldämpfer in einem Kanal, in einem halligen Raum mit diffusem Schallfeld, in anderen Räumen ohne diffuses Schallfeld und im Freien auf die Bestimmung des Durchgangsdämpfungsmaßes. Vier weitere Fälle betreffen Messungen der Einfügungsdämpfung in solchen Schallfeldern mit und ohne Schalldämpfer. In der Norm

Tab. 3 Allgemeines Schema zur Festlegung von Messungen des Durchgangs- oder Einfügungsdämpfungsmaßes von Schalldämpfern im Einsatzfall nach [8]

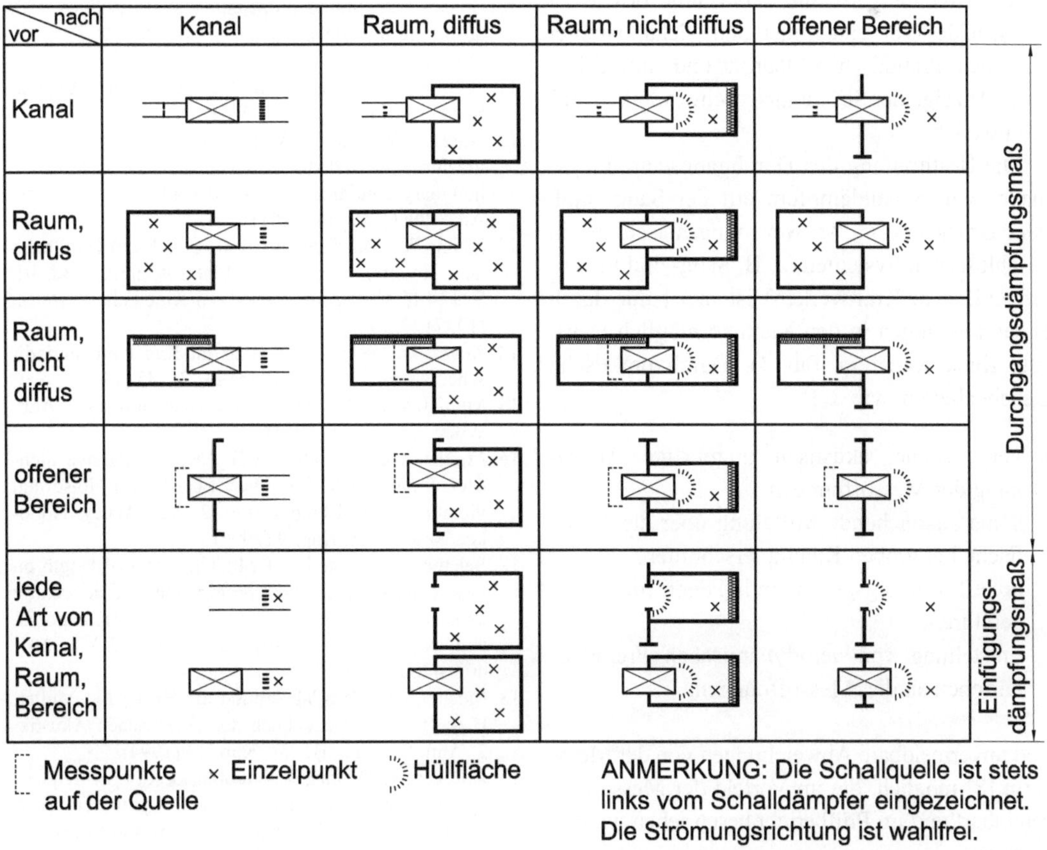

vor \ nach	Kanal	Raum, diffus	Raum, nicht diffus	offener Bereich	
Kanal					Durchgangsdämpfungsmaß
Raum, diffus					
Raum, nicht diffus					
offener Bereich					
jede Art von Kanal, Raum, Bereich					Einfügungsdämpfungsmaß

Messpunkte   × Einzelpunkt   Hüllfläche auf der Quelle

ANMERKUNG: Die Schallquelle ist stets links vom Schalldämpfer eingezeichnet. Die Strömungsrichtung ist wahlfrei.

werden für jeden Fall Auswerteverfahren angegeben, wie die gemessenen Schalldruckpegel, Nachhallzeiten und geometrischen Kenngrößen zu verknüpfen sind. Hinzu kommen Schallfeld-Korrekturwerte K, die zur Berücksichtigung des speziellen Einsatzfalls abzuschätzen und zu vereinbaren sind. Sie sollen in der Regel dem Betrage nach kleiner als 3 dB sein.

Praktisch können sich im Einsatzfall von Schalldämpfern eine Reihe von wirkungsmindernden Effekten auswirken, die nur bei sorgfältiger Planung und Ausführung zu vermeiden sind. Sie reichen von Schallnebenwegen über Gehäuse, Dehnfugen und Tragkonstruktionen bis zu ungleicher Strömungsverteilung, die zu erhöhtem Strömungsrauschen führt. In Ergänzung zu den Abnahmemessungen nach DIN EN ISO 11820 [8] dienen Abtastungen des Pegelverlaufs in Richtung der Schallausbreitung als wichtigste Methode zur Analyse von Fehlfunktionen. Quer zur Richtung der Schallausbreitung ist die Abtastung des Strömungsfeldes vor und hinter dem Schalldämpfer mit einem Prandtlschen Staurohr und angeschlossener Anzeige der Strömungsgeschwindigkeit aufschlussreich.

Die Bestimmung des Durchgangsdämpfungsmaßes von Schalldämpfern auf der Saug- und/oder Druckseite großer Strömungsmaschinen in geschlossenen Systemen (z. B. Saug- und Frischluftgebläse in Kraftwerken) ist meist nur durch Schallmessungen in den Kanälen möglich (Variante Kanal/Kanal in Tab. 3). Durch praktische Gegebenheiten, wie z. B.

- vorgegebene, akustisch ungünstige Anordnung der Messöffnungen,
- keine ausreichende Mittelung über die Messfläche bei großen Kanalquerschnitten,
- hohe Strömungsgeschwindigkeiten und Temperaturen,
- Entstehung von aerodynamischen Fremdgeräuschen an den Messöffnungen,

sind unvermeidbare Abweichungen von der Messnorm [8] möglich, die im Vorfeld der Messungen vereinbart und im Prüfbericht beschrieben werden müssen.

Literatur

1. DIN EN ISO 14163: Akustik – Leitlinien für den Schallschutz durch Schalldämpfer (1999)
2. Kurze, U., Riedel, E.: Schalldämpfer. In: Müller, G., Möser, M. (Hrsg.) Taschenbuch der Technischen Akustik, S. 367–400. Springer, Berlin (2004)
3. Frommhold, W.: Absorptionsschalldämpfer. In: Schirmer, W. (Hrsg.) Technischer Lärmschutz, S. 249–280. Springer, Berlin (2006)
4. Brennan, M.J., To, W.M.: Acoustic properties of rigid-frame porous materials – an engineering perspective. Appl. Acoust. **62**, 793–811 (2001)
5. Landau, L.D., Lifschitz, E.M.: Lehrbuch der theoretischen Physik. Hydrodynamik, Bd. VI. Akademie-Verlag, Berlin (1966)
6. Fuchs, H.V.: Schallabsorber und Schalldämpfer. Springer, Berlin (2010)
7. Geister, H.: Experimentelle Untersuchung und Optimierung des akustischen Verhaltens von Ein- und Mehrkammerresonatoren. Masterarbeit, HTW Berlin (2014)
8. DIN EN ISO 11820: Akustik – Messungen an Schalldämpfern im Einsatzfall (1997)
9. Piening, W.: VDI-Z. 81, 776 (zitiert in [12.7]) (1937)
10. Sivian, L.J.: Sound propagation in ducts lined with absorbing materials. J. Acoust. Soc. Am. **9**, 135–140 (1937)
11. Cremer, L.: Vorlesungen über technische Akustik, S. 147. Springer, Berlin (1975)
12. Aurégan, Y., Starobinski, R., Pagneux, V.: Influence of grazing flow and dissipation effects on the acoustic boundary conditions at a lined wall. J. Acoust. Soc. Am. **109**(1), 59–64 (2001)
13. Klein, W.: Matrizen. In: Rint, C. (Hrsg.) Handbuch der Hochfrequenz- und Elektrotechnik, Bd. III, S. 134 ff. Verlag für Radio-Foto-Kinotechnik, Berlin (1957)
14. Kurze, U.: Schallausbreitung im Kanal mit periodischer Wandstruktur. Acustica **21**, 74–85 (1969)
15. Munjal, M.L.: Acoustics of ducts and mufflers. 2. Aufl. Wiley, Chichester (2014)
16. Munjal, M.L., Galaitsis, A.G., Ver, I.L.: Passive silencers. In: Beranek, L.L., Ver, I.L. (Hrsg.) Noise and vibration control engineering. 2. Aufl. Wiley, Hoboken/New Jersey, Kap. 9 (2006)
17. Selamet, A., Radavich, P.M.: The effect of length on the acoustic attenuation performance of concentric expansion chambers: an analytical, computational, and experimental investigation. J. Sound Vib. **201**, 407–426 (1997)
18. Mechel, F.P.: Schallabsorption. In: Heckl, M., Müller, H.A. (Hrsg.) Taschenbuch der Technischen Akustik. 2. Aufl. Springer, Berlin , Kap. 19 (1994)
19. Aurégan, Y., Debray, A., Starobinski, R.: Low frequency sound propagation in a coaxial cylindrical duct: application to sudden area expansions and to dissipative silencers. J. Sound Vib. **243**(3), 461–472 (2001)

20. Wöhle, W.: Schallausbreitung in absorbierend ausgekleideten Kanälen. In: Fasold, W. Kraak, W. Schirmer, W. (Hrsg.) Taschenbuch Akustik. Teil 1. VEB Verlag Technik, Berlin , Kap. 1.8 (1984)

21. Mechel, F.P.: Schalldämpfer. In: Heckl, M., Müller, H.A. (Hrsg.) Taschenbuch der Technischen Akustik. 2. Aufl. Springer, Berlin , Kap. 20 (1994)

22. Frommhold, W., Mechel, F.P.: Simplified methods to calculate the attenuation of silencers. J. Sound Vib. **141** (1), 103–125 (1990)

23. Brandstätt, P., Frommhold, W.: Berechnung von Schalldämpfern auf PC. HLH **45**, 211–217 (1994)

24. Frommhold, W.: Berechnung rechteckförmiger Schalldämpfer mit periodisch strukturierter Wandauskleidung. Dissertation, TU Berlin (1991)

25. Cummings, A., Normaz, N.: Accoustic attenuation in dissipative splitter silencers containing mean fluid flow. J. Sound Vib. **168**(2), 209–227 (1993)

26. Berechnung von Schalldämpfern. www.ibp.fraunhofer. de/de/Kompetenzen/akustik/technischer-schallschutz. Zugegriffen am 25.02.2016

27. Mechel, F.P.: Die Berechnung runder Schalldämpfer. Acustica **35**, 179–189 (1976)

28. Werksangaben Fa. TROX. www.trox.de

29. Mechel, F.P.: Schallabsorber, Bd. 1. Hirzel Verlag, Stuttgart (1989)

30. Idel'Chik, I.E.: Handbook of hydraulic resistance. 3. Aufl. CRC Press, Boca Raton (1994)

31. Kurze, U.J., Donner, U.: Schalldämpfer für staubhaltige Luft. Schriftenreihe der Bundesanstalt für Arbeitsschutz – Forschung – Fb 574 (1989)

32. VDI 2081 Blatt 1: Geräuscherzeugung und Lärmminderung in raumlufttechnischen Anlagen. Beuth, Berlin (2001)

33. Stüber, B., et al.: Strömungsgeräusche. In: Müller, G., Möser, M. (Hrsg.) Taschenbuch der Technischen Akustik. 3. Aufl. Springer, Berlin, Kap. 21 (2004)

34. DIN EN ISO 7235: Akustik – Labormessungen an Schalldämpfern in Kanälen – Einfügungsdämpfungsmaß, Strömungsgeräusch und Gesamtdruckverlust (2010)

35. DIN EN ISO 11691: Akustik – Messung des Einfügungsdämpfungsmaßes von Schalldämpfern in Kanälen ohne Strömung – Laborverfahren der Genauigkeitsklasse 3 (2010)

36. Gruhl, S., Biehn, K.: Lärmminderung an axialen Strömungsmaschinen durch Schallabsorption und Schallreflexion in Gitternähe. In: Freiberger Forschungshefte A737. Deutscher Verlag für Grundstoffindustrie, Leipzig, (1987)

37. Biehn, K., Gruhl, S.: Absorptionsschalldämpfer. In: Schirmer, W. (Hrsg.) Lärmbekämpfung, S. 204–229. Verlag Tribüne, Berlin (1989)

38. Mechel, F.P. : Ausweitung der Absorberformel von Delany und Bazley zu tiefen Frequenzen. Acustica **35**, 210–213 (1976)

Weiterführende Literatur

Lenk, A.: Schallausbreitung in absorbierenden Kanälen. Habilitationsschrift, TU Dresden (1966)

Fasold, W., Kraak, W., Schirmer, W. (Hrsg.): Taschenbuch Akustik. Verlag Technik, Berlin (1984)

Mechel, F.P.: Formulas of acoustics. Springer, Berlin (2002)